虚拟空间设计

/ Virtual Space Design

编　著　陈德胜

辽宁美术出版社
Liaoning Fine Arts Publishing House

序 >>

「 当我们把美术院校所进行的美术教育当作当代文化景观的一部分时，就不难发现，美术教育如果也能呈现或继续保持良性发展的话，则非要“约束”和“开放”并行不可。所谓约束，指的是从经典出发再造经典，而不是一味地兼收并蓄；开放，则意味着学习研究所必须具备的眼界和姿态。这看似矛盾的两面，其实一起推动着我们的美术教育向着良性和深入演化发展。这里，我们所说的美术教育其实有两个方面的含义：其一，技能的承袭和创造，这可以说是我国现有的教育体制和教学内容的主要部分；其二，则是建立在美学意义上对所谓艺术人生的把握和度量，在学习艺术的规律性技能的同时获得思维的解放，在思维解放的同时求得空前的创造力。由于众所周知的原因，我们的教育往往以前者为主，这并没有错，只是我们需要做的一方面是将技能性课程进行系统化、当代化的转换；另一方面，需要将艺术思维、设计理念等这些由“虚”而“实”体现艺术教育的精髓的东西，融入我们的日常教学和艺术体验之中。

在本套丛书出版以前，出于对美术教育和学生负责的考虑，我们做了一些调查，从中发现，那些内容简单、资料匮乏的图书与少量新颖但专业却难成系统的图书共同占据了学生的阅读视野。而且有意思的是，同一个教师在同一个专业所上的同一门课中，所选用的教材也是五花八门、良莠不齐，由于教师的教学意图难以通过书面教材得以彻底贯彻，因而直接影响教学质量。

在中国共产党第二十次全国代表大会上，习近平总书记在大会报告中指出：“教育、科技、人才是全面建设社会主义现代化国家的基础性、战略性支撑……全面贯彻党的教育方针，落实立德树人根本任务，培养德智体美劳全面发展的社会主义建设者和接班人。坚持以人民为中心发展教育，加快建设高质量教育体系，发展素质教育，促进教育公平。”党的二十大更加突出了科教兴国在社会主义现代化建设全局中的重要地位，强调了“坚持教育优先发展”的发展战略。正是在国家对教育空前重视的背景下，在当前优质美术专业教材匮乏的情况下，我们以党的二十大对教育的新战略、新要求为指导，在坚持遵循中国传统基础教育与内涵和训练好扎实绘画（当然也包括设计、摄影）基本功的同时，借鉴国内外先进、科学并且灵活的教学方法、教学理念以及对专业学科深入而精微的研究态度，努力构建高质量美术教育体系，辽宁美术出版社同全国各院校组织专家学者和富有教学经验的精英教师联合编撰出版了美术专业配套教材。教材是无度当中的“度”，也是各位专家多年艺术实践和教学经验所凝聚而成的“闪光点”，从这个“点”出发，相信受益者可以到达他们想要抵达的地方。规范性、专业性、前瞻性的教材能起到指路的作用，能使使用者不浪费精力，直取所需要的艺术核心。从这个意义上说，这套教材在国内还具有填补空白的意义。 」

目录 contents

第一章　虚拟空间的概述

本章重点

①了解虚拟空间的概念、作用及类型。

②了解虚拟空间的界定及室内设计的尺度。

学习目标

理解虚拟空间的形成规律，培养虚拟空间观察和界定方法。

建议学时

16学时。

第一章　虚拟空间的概述

第一节 虚拟空间的概念、作用及类型

“空间”（space），是一直存在的，当没有限定时，“空间”的概念是抽象的，同时也是虚无且空洞的。就宇宙而言，空间是无限的，无边际的；而就每一个具体的、个别的事物而言，空间则又是有限的……空间是指与实体相对的概念，按照哲学的观点来解释，凡是实体以外的部分都是空间，空间是无形的、不可见的。从另一个角度，空间又是“由一个物体同感觉到它的人之间产生的相互关系所形成的”。比如，在沙漠中有一扇孤立之门，它既可以向前开，又可以向后开，周围没有任何参照物，甚至没有太阳、月亮。当你站在门的一边时，你很难确定自己是站在“门里”还是站在“门外”。

因此，当我们要确定一个传达空间时，首先要把某个布局空间从整个大空间中先界定出来，形成一个特定的空间范围，同时也包括对整个空间存在时间的限制（这与建筑空间的时间概念有所不同）。

一、虚拟空间的概念

虚拟空间是一种既无明确界面，又缺乏较强限定度的，仅仅依靠部分形体的虚实变化，凭借联想和“视觉完形性”来划定的空间。所以又称“心理空间”。这是一种通过设计而获得的理想空间感的空间。它往往处于母空间中，与母空间相互流通，同时又具有一定的独立性和领域感。虚拟空间是创造完美室内空间的一种有效方法，具体形式主要表现于地面、顶棚等界面，但虚拟空间并不是存在于整体空间之中的，而是和其他空间相互结合、互相渗透的。

虚拟空间的处理手法可以借助各种隔断、家具、陈设、绿植、水体、照明、材质变化、结构构件以及改变标高等因素来形成。

二、虚拟空间的作用

1.满足功能使用上的需要，虚拟空间的特点是与母空间既有联系又有相对的独立性。

2.满足精神功能的需要，为了满足人们精神上的需求，空间应富有变化，甚至可以营造出虚幻的境界。

三、由改变空间形态可衍生出如下的虚拟空间类型

1.改变天花以及地面的落差

在室内空间中，通过抬高或降低地面的标高来取得既联系又相对独立的空间。

2.地台空间

将室内地面局部抬高，通过抬高面的边缘划分出的空间称为地台空间。

3.下沉空间

为了限定出一个比较明确的空间范围，可将室内空间地面局部下沉。

4.悬浮空间

即在垂直方向划分空间，采用几乎不降低天花吊顶或者吊装其他饰物时，其上层空间的界面不是靠柱或墙形成，而是依靠于悬吊饰物形成，因而使人有新奇的悬浮感。

悬浮空间

改变天花以及地面的落差

下沉空间

地台空间

下沉空间

5.大空间中的小空间（母子空间）

母子空间是对空间的二次限定，即在原有空间（母空间）中用实体象征手法再次限定出小空间（子空间）。

6.垂直围护界面凹入空间

凹入空间是在室内某一墙面或角落局部凹入的空间，其特点是：只有一面或两面开敞，所受干扰较少，其领域感与私密性随着凹入的深度而加强，可用作小憩、就餐、睡眠等。

7.垂直围护界面凸出空间

凹凸是一个相对的概念，如果凹入空间的垂直围护面是外墙，并且较大的窗洞便是外凸空间了，这种空间是室内凸向室外的部分，可与室外空间有机融合，使视野开阔。

大空间中的小空间（母子空间）

垂直围护界面凹入空间

垂直围护界面凸出空间

8.虚幻空间

虚幻空间是指室内镜面反映的空间，或水面反映的空间。镜面反映的虚像把人们的视线带到镜面背后的虚幻空间去，于是产生空间扩大的视觉效果。有时还通过几个镜面的折射，把原来平面的物件塑造成立体空间的错觉，紧靠镜面的物体，还能把不完整的物件（半部分的书柜）塑造成完整物体的假象（完整的书柜）。因此，室内特别狭小的空间，常利用镜面来扩大空间感，并利用镜面的幻觉装饰丰富的景观（除镜面外）。有时室内还利用一定景深的大幅画面，把人们的视线引向远方，造成空间深远的意向。

9.迷幻空间

利用扭曲、断裂、倒置、错位等手法来体现人千姿百态的复杂心理和人的自我意识，家具和陈设也奇形怪状，以追求形式美为主。有时甚至还把不同民族、不同时代的一些造型因素通过夸张变形等处理手法融入空间，造成一种时空错位、荒诞诙谐之感。在照明的处理上讲究五光十色，跳跃变幻，追求怪诞的光影效果。

迷幻空间

虚幻空间

第二节 ///// 空间设计的尺度

要确定空间中人与物的距离关系，除了根据所拥有的空间大小、陈列物品的体积等客观因素外，人的生理感受和心理需求也不容忽视。

一、感觉尺度

根据人体工程学的测量，0～1.5m是伸手可及的有效距离，触觉距离最小，似乎在界定上缺乏灵活性。然而，触觉与材质相关，种类繁多的材质为创意扩大了想象空间，多数人认为触觉空间是观众抚摸展示物的空间，而从逆向创意的角度看，同样是展示物触摸参观者的空间。

类似的事例很常见，很多精品店中，在顾客进门处，放置一个风铃或动物形状的发声感应器，在顾客额头上“抚摸”并发出声音，多数人会认为这是一个热情的招呼，并感受到来自店主的关注。

0.3m的嗅觉空间界定只是个常规概念，现实生活中特例很多。比如，在有风的情况下，一棵桂花树的香味可以远播数百米，在常规和特例之间，就是设计创意游刃的空间。

听觉距离其实远不止35m，声音分贝强度决定着实际的距离。然而，如果设计师不想给传达空间的受众留下痛苦的回忆，最好不采用能超越35m的工业噪音。当然还有听觉空间界定的一个特例——摇滚音乐会，狂热的参与者恨不得用声音占据整个世界。

视觉空间距离是最有弹性的，人能看到远在天边的星星，这里的视觉空间距离是指能分辨目标细节的距离。0～100m也只是一个传统的提法。随着科技的发展，扩大了视觉空间距离的界定，在不借助电子手段和工具的情况下，有效的空间视觉距离应在100m内。例如体育场中的最远座位是70m左右，剧场的设计规划师规定，最远的座位应在30～35m，人在30m以内能分辨出对方面部的特征、发型和年纪，在20m的距离就能看清对方的表情。对于设计师来说，若想要传达的内容超过这些距离，就应该放大或者借助电子手段来表现。

二、社会距离（心理距离）

社会距离是在空间心理学中很受重视的一种距离界定模式，即：

亲近距离——特别的喜欢，想走过去触摸，或者特别的激愤，向前表示对抗，是运用气味、材质等发挥创意的最佳距离。

个体距离——亲切距离，想过去仔细查看，也是人们对有些畏惧又想去看的东西所保持的距离。

社交距离——在这样的距离下，没有迫使观众去看的心理暗示，因而有利于保持展示物的高雅品性。同时，这也是保持展示物之间既不相互干扰，又保持一定联系的距离。

公共距离——适用于巨大展示物以及传达受众较多的情况。例如车站，大屏幕的出现把公共距离变得更富有弹性，更别出心裁的是设计师将其放置于地平面上——一个190平方米的LED立体安装展台提供了一个未来城市公共空间行人与无人驾驶车的样板。整个面板整合收集了车辆和环境间的相互影响。同时3D摄像机跟踪人的运动，并将其以艺术化的方式放映到LED屏上。

三、尺度比例的界定

人的感觉带有很大的感性成分，当一个空间大部分空闲时，大部分人会认为场地尺度较大；当布置了一些陈列物后，从视觉上就会让在此空间内的人们感觉拥挤。对于观众来说，他们见到的是布置后的空间效果，如果他们认同了设计师的创意布局，但感受到的空间比例和设计师预期相反，这就说明该空间的尺度关系存在问题。

适当的比例使空间显得亲切，而大尺度则显得高大、庄严肃穆，以至于不易接近。超大尺度与正常比例搭配显得夸张有趣，富有戏剧性。

空间中有很多种比例关系，在此我们只重点讨论与传达相关的两种——展体与人体的比例关系、高度与水平距离的比例关系。

1.传达空间不同于使用的建筑空间，它存在的目的主要不是为人居住，而是传达信息和意念。因而其空间比例就不一定拘泥于人机工程学的适当比例。非常规比例的空间创意，往往更能吸引人的注意，但不同的人、物比例关系给人不同的心理感受。所以采用何种比例关系，还应根据空间主题、所要营造的氛围需要来决定。

2.高度与水平距离的比例关系

一般的传达空间在垂直方向的距离是有限的，一是在竖向上构建空间成本高、难度大；二是人的竖向正常活动视域是有限的（一般在视平线上下15°左右）。位置太高或太低的信息，不容易被注意。不同高度的位置给观众不同的感受，而这种感受又随着水平距离的变化而变化。

在空间较大、人员拥挤的场所，主题形象一般处在较高的位置，保持一定的高度是产生视觉号召力的关键。

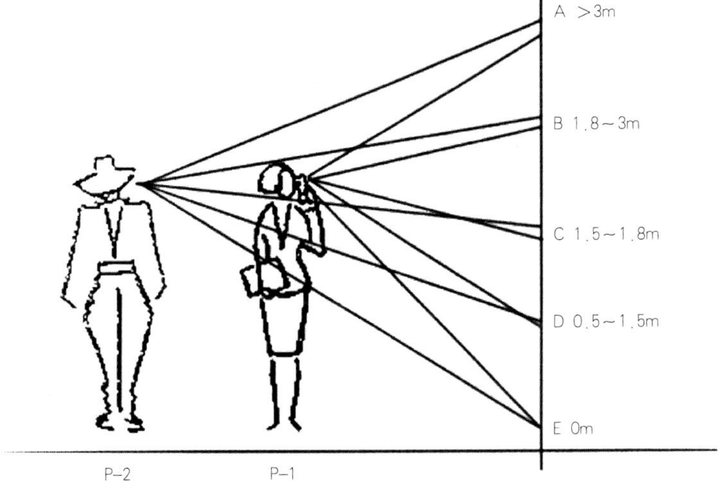

P−1点距离展示物的水平距离小于4m，对于该点的观众来说
A点有崇高感、压迫感的高度
B点有冷漠感、被征服感的高度，有较强的视觉张力
C点有视觉凝聚力和亲切感的高度，优雅、理性的高度
D点有征服感和可操纵程度
E点有平实、稳定、泛滥的感觉

P−2点距离展示物的水平距离小于4m，当水平距离拉远，横竖比例发生变化，心理感觉随着变化，对于位于该点的观众来说
A点崇高感、压迫感下降，号召力加强
B点冷漠感、被征服感的程度下降，视觉张力趋于平等、亲切
C点视觉凝聚力降低和亲切感减少
D点征服感和可操纵程度下降
E点感觉基本不变

四、时间的界定

时间的界定有两方面的含义：一方面，大部分的传达空间是临时性的，设计师要对空间的持续时间做出界定，这决定到采用何种材料来构筑空间。另一方面，空间的点、线、面等元素勾画出来的是一种场所，而时间元素提供给我们的是场景，这种场景的主题是动态的，或是观众处在动态位置，也往往可能是同一场所的一个关键元素在变化。

五、隔断和功能区域划分

传达空间不仅要提供展示信息的场所，还要提供可供参观、交流、互动、体验的空间，要求有公共区域和个体区域划分，除非以上功能都被结合到一起，在同一个开放空间中得以实现，否则就要运用隔断的方法进行区域划分。

隔断的目的各不相同（有时隔断要泾渭分明，而有时又要隔而不断，似隔非断），相应的也就是形式各异的隔断。在实现空间分割功能的同时，设计师又使它们给空间增添了很多情趣。

由于隔断多是立面，又处在人的正常实践领域范围内，所以在很多传达空间中，它们又被用作信息传达的重要载体。

隔断并不只是功能区分的唯一设计手段，在空间高度装饰的情况下可以进行分层。上层的空间单元有一定的独立性，同时又可以俯视下层的整体情况。

第三节 ///// 空间的分隔与联系

空间的分隔与联系，应该处理好不同的空间关系和分隔的层次。

室内外空间的分隔，如入口、天井、庭院，它们与室外既分又合，体现内外结合及室内空间与自然空间的交融等。

内部空间的分隔主要需处理好三个关系：

一、空间的封闭和开敞关系

封闭的空间，只能设计在开敞的空间里，一般用来作为展示或储藏物品用。

二、空间的静止和流动的关系

封闭空间一般都是静止的空间，开敞的空间才是流动的空间。流动空间的主旨是不把空间作为一种消极静止的存在，而是把它看作一种生动的力量。在空间设计中，避免孤立静止的体量组合，而追求连续的运动空间。空间在水平和垂直方向都采用象征性的分隔，从而保持最大限度的交融和连续，实现通透、交通无阻隔性或极小阻隔性。为了增强流动感，往往借助流畅的、极富动态的、有方向引导性的线型。

三、空间的过渡与引导的关系

根据人们日常生活的需要，有时在室内要设置过渡空间，过渡空间是联系前后空间、内外空间的媒介、桥梁、衔接体和转换点。过渡空间在设计功能和艺术创作上有其独特的地位和作用。一般既有过渡作用，又有方向引导作用。过渡的形式也多种多样，有一定的目的性和规律性。

当空间的功能进行转换时，如家居近代从开放性到私密性，人们从外面喧闹街市要进入安静的影视剧场，都要有空间的过渡，因而设

置过渡空间作为缓冲地带，是进入主题空间前的必要设计阶段。

不论是入口大堂或是影视大厅，均让人有种高尚的气派，充满现代感，时尚与和谐的共生。设计师贯彻“像素”设计主轴。

装饰材料的选择，辅助不同功能空间的过渡，新材料的日新月异不但提升影视效果，更让观众有与时俱进的感观新体验。

观众身处于此，无不感受到所有细节所凝聚的正是如数码世界的宏大气氛。

在现实生活中，单一的空间并不多见，多的是多个空间的组合与合并。

1.两个空间的联系

一个大空间可以封闭起来并包含一个小空间。我们称之为母子空间，母子之间很容易产生视觉空间的连续性，达到一分一合、部分不合的效果。这种空间关系中，大空间作为小空间的三维背景存在，如果在大空间的背景下达到突出小空间的目的，可以采用形体的对比或方向差异来达到这种包含实体的一种接触形式。当两个明显不同的室内空间相互接触时，体积大的空间将把体积小的空间容纳在内，二者之间很容易产生视觉以及空间的连续性，在有高差的前提下，体量差别越大，包容感就越强。如果小空间扩张，外围大空间就变成紧紧环绕小空间的一片薄层和表皮，即会破坏包容的意象。

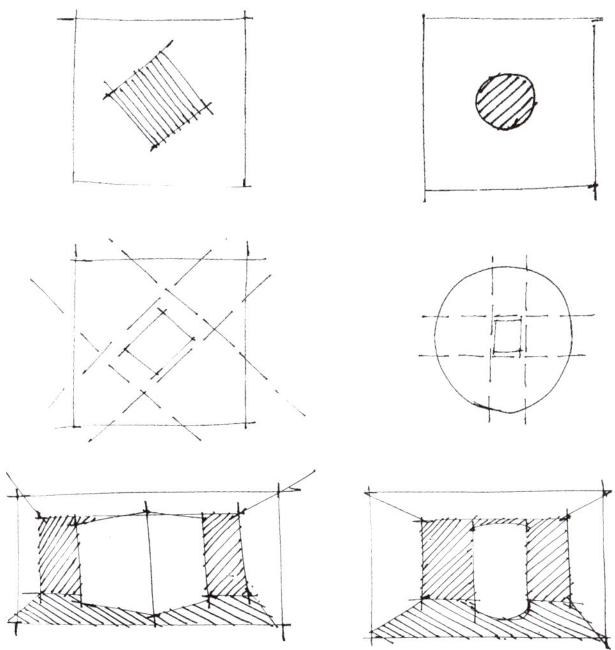

一个大空间包含一个小空间

人们在一个大空间共同工作、交谈或进行其他活动时，会感到彼此造成的干扰、缺乏私密性或空旷而缺乏亲切感，而在一个封闭的小空间里虽然会避免上述不足，却又产生了工作上沟通不便和空间沉闷、闭塞的感觉。采用大空间内围隔出小空间，这种封闭与开敞相结合的办法可使两者优点兼得。因此在许多室内设计中被广泛采用，当然也不是说所有的公共大厅都应分隔小空间。若处理不当，或分隔的支离破碎，有时也会失去公共大厅的性质，所以我们必须按照具体情况灵活运用，这是任何母子空间成功的关键。

2.两个空间相互穿插、交错

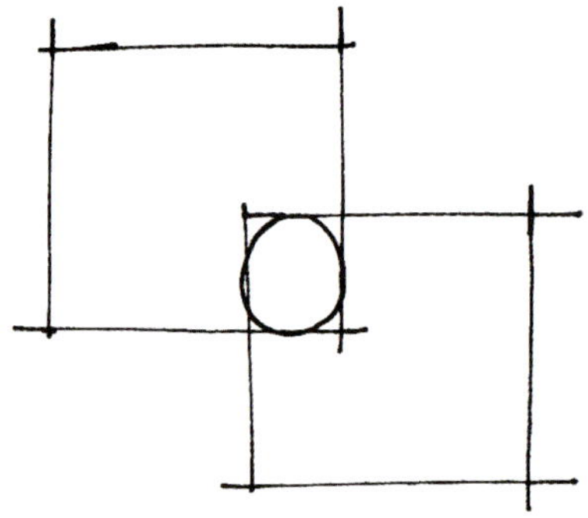

现代室内空间设计亦早已满足于习惯的封闭六面体和静止的空间形态。在创作中也常把室外的城市立交模式引入室内，此种做法应对于大量群众的集合场所，如展览馆、俱乐部等，在分散和组织人流上颇为相宜，而且在某些规模较大的住宅也有所使用。在这样的空间中，人们上下活动，交错川流，俯仰相望，动静相生，不但丰富了室内景观，而且给室内环境增添了生气和活跃的气氛。

穿插式空间由两个空间构成，两者之间部分空间可相互重叠，咬合成为一个公共空间区域，当两个空间以这种方式贯穿在一起时，它们各自保持了空间的完整性。

3.两个空间相互并列

两个空间并列是空间关系最常见的形式，两个空间可以彼此完全分开，也可以具有一定程度的连续性，这主要取决于空间的性质和它们的用途。

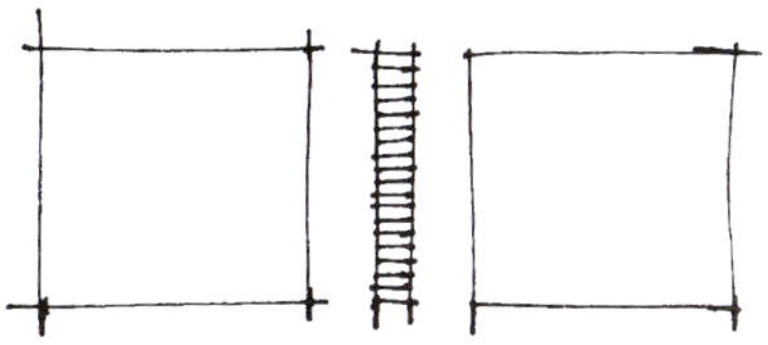

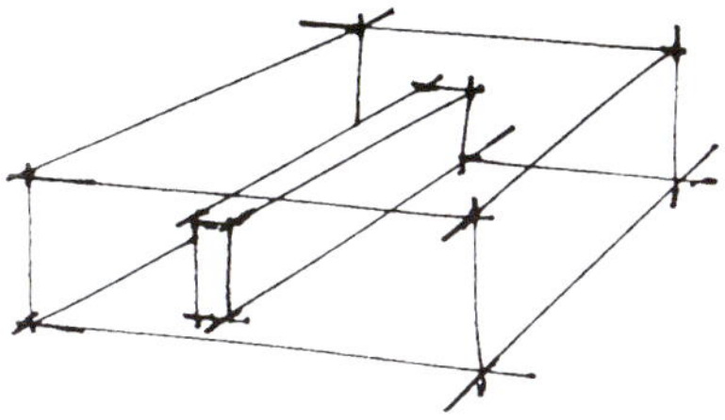

第四节 ///// 空间的组合

空间组合就是根据一定的空间性质、功能需求、体量大小、交通路线等因素将多个单一空间进行有序的排列和组织起来，解决多个单一空间的关系问题。多空间的相互关系虽然复杂，但其组合方式主要概括为：中心式组合、线形式组合、辐射式组合、组团式组合、网格式组合、流动式组合和表面重构组合。

一、中心式组合

这是一种极具稳定性的向心式构图。它由一个占主导地位的中心空间和一定数量的次要空间构成，中心空间在尺度上要足够大，才能将次要空间集中在其周围。次要空间的形式和尺度与主导空间可以相同也可以不同。中心式组合空间既要有整体感，又不能太过封闭。

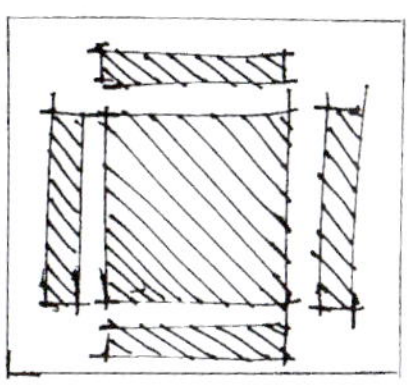

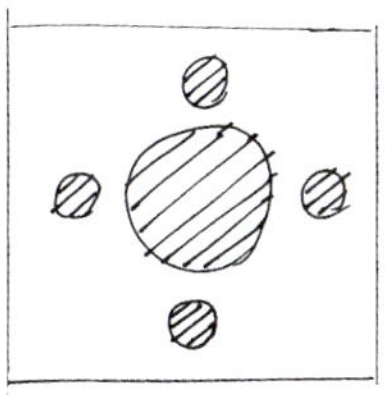

二、线形式组合

将体量或性质相近的空间按照线形的方式排列在一起的称之为线形式组合，它实质上是一个空间的系列，这些小空间既可以在内部相沟通，进行串联，也可以采用单独的线形空间来联系。这些单位空间的视觉特征可以是重复的、渐变的、类似的、交替的、特异的等。线形式组合还可以细分为：直线型、折线型、曲线型、环线型、轴线型等。每一种线型又各自分别采用直穿式、内廊式、双廊式，所以线形式组合能够创造出无穷无尽的组合方式。

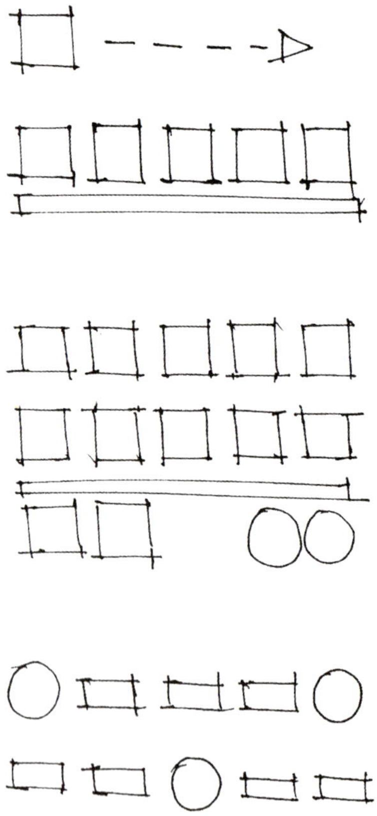

1.线形式组合内部空间特点

（1）具有鲜明的运动、延伸、增长及节奏感，有空间扩展的灵活性，也非常利于空间的发展。

（2）既可以水平方向组合，又可以垂直方向竖立空间或综合排列，更可以以某个水平组织作为单位，再沿垂直方向重叠组合，或将某个有高差的空间组织垂直方向重叠组合。

（3）无论线形简单或复杂，总有明确的方向和主线，所以即使连接形状、大小不同的内部空间，也能形成有序的组织。

2.线形式组合外部空间特点

（1）将空间体沿动线的两端切口封闭起来。

（2）避免任何一侧有强烈轴线的内空间体。

（3）如果希望在视觉上强调某个空间，可以升高这个空间使其突出天际线，或者将这个空间降低退后或向流线靠拢。另外为了避免有太大的体量使这个空间的立面支离破碎，全部空间的顶部透视线应与动线的透视线一致。

（4）在线形空间的起点、转折点、终点设立装饰物加以突出强调。

（5）对于窄而长且前进方向不能闭合的动线空间，要使敞开的第四面与其他三个封闭的面取得平衡的方法是让视线收住。

三、辐射式组合

辐射式组合兼顾了中心式组合和线形式组合的要素，由中央空间和向外辐射的扩展的线形空间构成。其特点是显示组合部分具有向外的拓展性。它的几个线形部分可以相同，也可以不同。

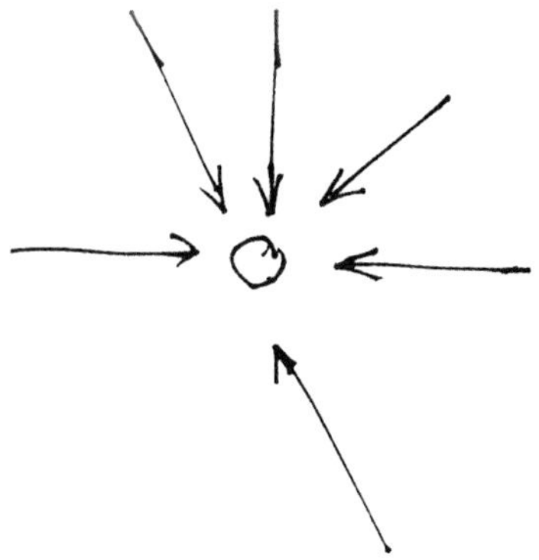

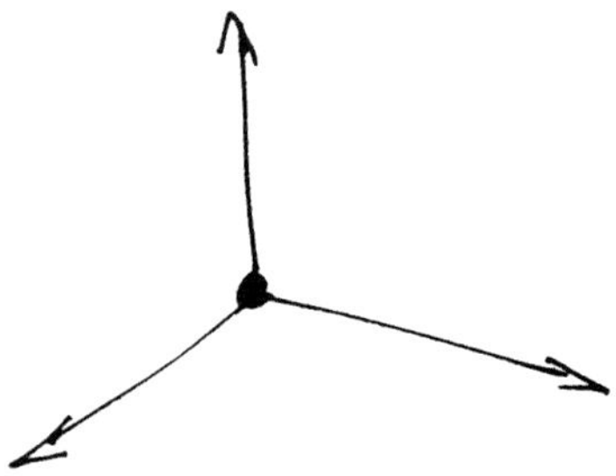

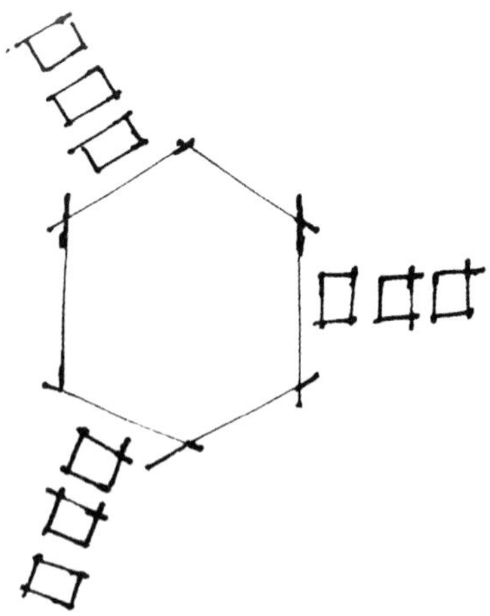

四、组团式组合

组团式组合一般将功能上类似的空间单元按照形状、大小或相互关系方面的共同视觉特征，构成相对集中的空间，也可以将尺寸、形状、功能不同的空间通过紧密的连接和诸如轴线等视觉上的一些规则与手段构成组团，它具有连接紧凑、灵活多变、易于增减和变换组成单元而不影响其构成的特点。

组团式组合通过紧密的连接使各个空间之间相互联系，因而这种组合方式没有明显的主从关系，它可以灵活变换，随时增加或减少空间的数量。住宅的空间组合就属于这类组合。同样，餐厅等各式餐饮娱乐空间，虽然大小不同，但却没有主次之分，它们各个空间完全可以根据需要自由“生长”。组团式组合具有最大的自由度。

组团式组合具有以下特点：围绕室内主体分组，围绕入口分组，围绕交通空间分组，围绕室外空间分组，沿道路分组，围绕庭院分组（北京四合院），按地形形成组团空间分组，轴线控制分组。

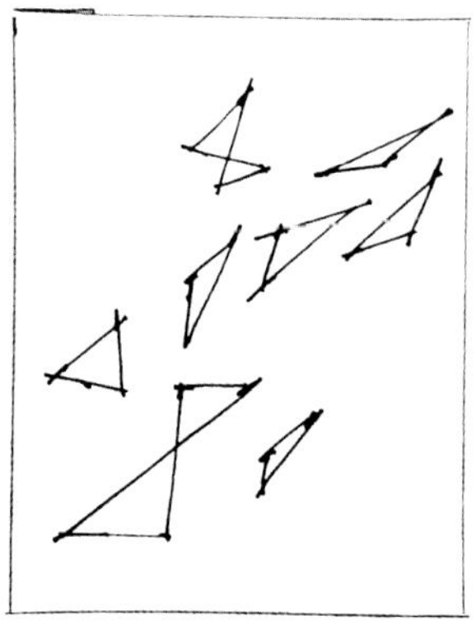

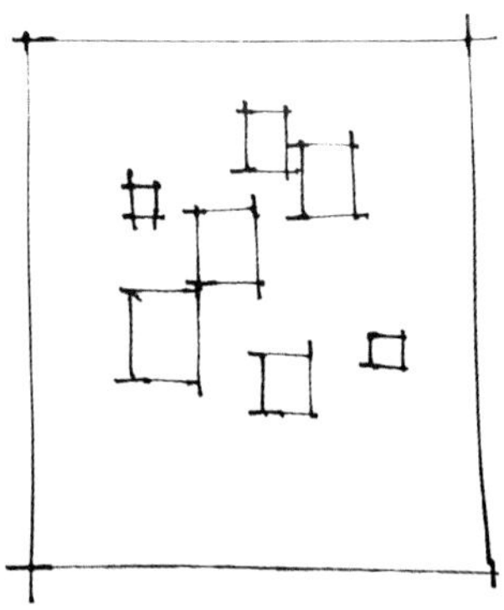

五、网格式组合

网格式组合是指所有的空间均通过一个三维的网格来确定其位置和相互关系，具有极强的规则性。其中，网格可以是方形网格，也可以是三角形或六边形网格，还可以变形。部分网格可以改变角度，来增加规则性中的灵活性，就像平面构成图形中的“突变”，在同一中求变化。在建筑内部空间中，梁柱等结构体系最易提供网格，在网格范围中，一个空间可能占据一个格，也可以占据多个格，无论这些空间在网格中如何布置，都会留卜一些“负空间”。

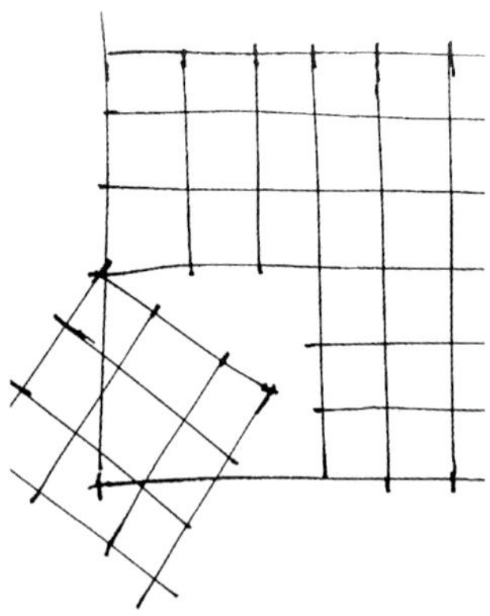

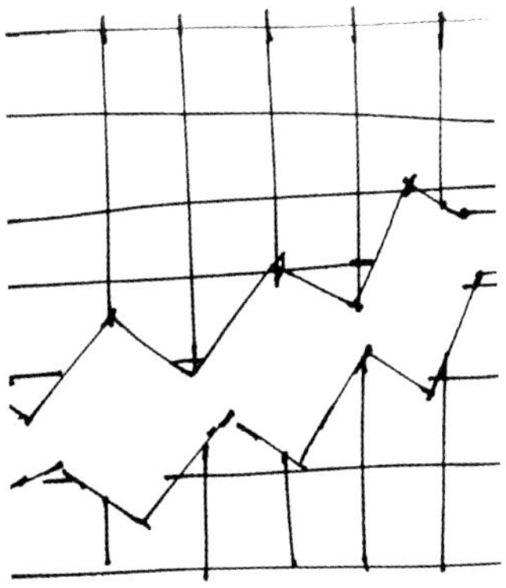

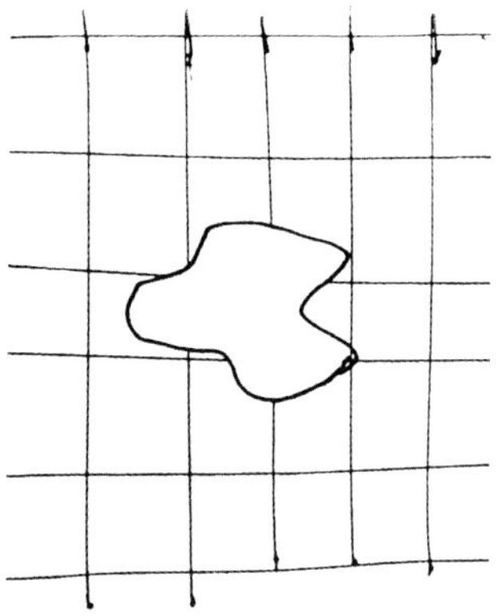

六、流动式组合

动态空间或称为流动空间，具有空间的开敞性和视觉的导向性，界面组织具有连续性和节奏性，空间构成形式富有变化性和多样性，使视线从一点转向另一点，引导人们从“动”的角度观察周围事物，将人们带到一个由空间和时间相结合的“第四空间”。开敞空间连续贯通之处，正是引导视觉流通之时，空间的运动感既在于塑造空间形象的运动性上，更在于组织空间的节奏性上。

七、表面重复组合

由于网格式结构是由重复模数化的空间单元组成的，它可以被消减、增加或重叠，而仍然保持其作为一个网格的可识别性，具有组合空间的能力。这些形式变化可以用来调整网格，使其形式与基地相适应；可以限定入口或是外空间，或者为其增长或扩大留下余地。

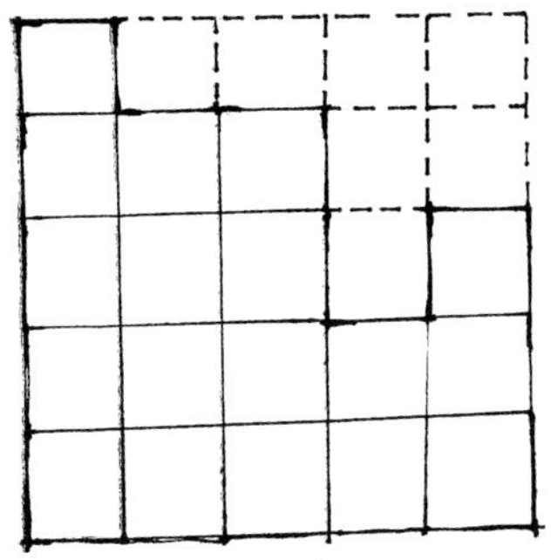

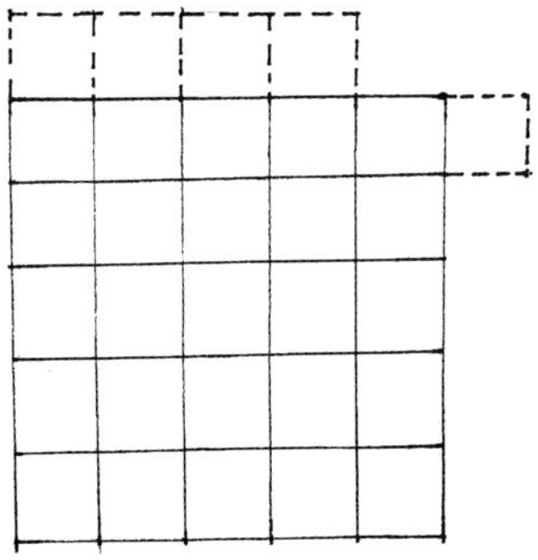

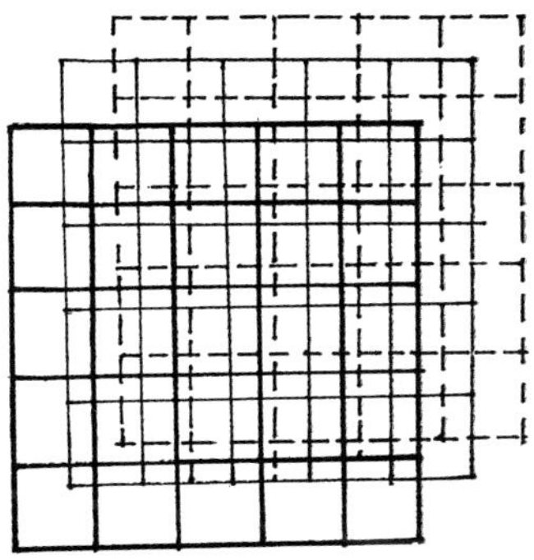

第二章 虚拟空间的设计原则

本章重点

①了解空间中相对各异的空间形态。

②了解什么是虚拟空间动与静。

学习目标

理解虚拟空间中的形态组合由基本的点、线、面、体组成。

建议学时

18学时。

第二章　虚拟空间的设计原则

第一节 ///// 虚拟空间的性格

室内空间的动能主要包括物质功能和精神功能两个部分。所谓物质功能就是要满足人们使用上的要求，它包括空间的容积、设备布置、适合的家具陈设、交通组织、疏散、消防等以及科学地创造良好的采光、照明、通风、隔音等物理环境。建筑空间的精华并不在于设置来限制开阔空间的那些实体的屏障本身，而是应当突出表现空间是如何通过这种阻隔作用而被组织成有构思意图的形式，还是一样突出结构体积，即那些屏障本身，那些限定了视线所及范围的障碍物本身，而不突出表现那些“空的部分”，即容易实现活动的部分。所谓精神功能就是要在满足物质需求的同时，从人的文化、心理需求出发，去满足人的不同的愿望、审美情趣、民族风格等，使人们获得精神上的满足和审美享受。

室内的空间组合应根据物质功能和精神功能的要求进行构思，根据当时、当地的环境，结合建筑功能进行整体策划。从单一空间到群体空间的序列组织，由外到内，由内到外，反复推敲，使空间组织既合乎逻辑序列，又层次分明，而且开合有度、比例适宜。现代室内虚拟空间组织要像交响乐的乐章一样，高、低潮交替，抑扬韵律相称，达到理性和感性的完美结合。

虚拟空间的特点是，建筑空间的形成与结构、材料有着不可分割的联系，空间的形状、尺度、比例以及室内装饰效果，很大程度上取决于结构组织形式及其所使用的材料质地，把建筑造型和结构造型统一起来是当代建筑师在从事室内设计中必须遵循的基本原则。

第二节 虚拟空间的形体

对于一个具有地面、墙面、顶盖六面体的室内空间来说，室内外空间的区别容易划分，但对于不具备六面体的围合空间，可以表现出多种形式的内外空间关系，有时却难以在性质上区别开来。但是，空间无论是不是六面体都可以属于一种特定的类型。

形态是空间界定的第一要素。必须要有某种形态的形体存在，才有可能去讨论具体的空间，才有空间中其他元素的依附主体。

虚拟空间与一般的使用空间最大的区别就是要承载并传达信息，这就要求虚拟空间要给人们很强的视觉凝聚力。对于设计师来说，合理的界定使虚拟空间产生和形成相应的功能组合，而独特的形态选择和搭配则会使空间产生吸引观众的强大魅力，并且在界定方面的创意往往都受到空间所在环境和传达主题的限制，因此，设计师总是愿意花很多时间用在形态的创新和组合上。

空间形态多姿多彩，形态的组合更是千变万化，其创意似乎没有一定规律。然而，无论多复杂的形态组合都是由基本的点、线、面、体组成的。

一、点

点是空间中相对小的形态。空间中的点不一定都是圆的，而是形态各异。它们可以是球体、立方体、柱体、锥体、复合型体和不规则的自然有机体（如石块等）。不同形状的点代表不同的性格，代表不同的造型语言，并且在空间中起到不同的作用。

点可以作为空间界定的手段，作为空间界定元素，点可以是空间的中心，也可以是空间的边界。在虚拟空间中，中心常常是一个需要突出的重点，这个点要把观者注意力都集中吸引到一起，促成一个有着强烈的向心凝聚力的场所，灯（点）实际上无形地画出了一个亮的虚拟空间区域。

作为空间边界的点是一种不完全状态。它不是将空间分割成两个不同部分，而是在一定程度上依赖于人的心理完成分割空间，即在心理上从点延伸出看不见的界限。而且人越相异，越接近于点，这种心理限定就越确定。由于点的物理性质的限制，纯粹用点构成空间比较困难。一般情况下都是把点作为精彩点缀，起到画龙点睛的作用，多个连续的点会形成类似于线或面的效果，在平面设计中可以用纯粹的点组成面，即所谓的点阵图。三维空间中的点不仅可以成面，更可以呈现多种立体形态。

点在空间中的排列方式一般可概括为：

①矩阵式排列。

即在二维或三维方向上等距离整齐排列。这种排列构成感，容易形成较强的秩序感。

②散点式排列。

以自由任意、随机的方式安置各个点，富有疏密变化，活泼而有节奏感。

③螺旋式排列。

让点在螺旋曲线的扭转轨迹上分布，赋予空间优美的韵律感，如果点的大小再有渐变，还会产生一定动感。

在空间中，点的存在一般依靠某种支撑，比如线形悬挂物、柱形支撑物。但有时为了创意的需要，设计师往往想让一些点以无支撑或隐蔽支撑的方式在空间中存在。以下简单介绍几种可供开阔思路的形式。

①利用灯光把点照亮，使其支撑物变暗融入深色背景中，从而得到独立点的效果。

②点本身就是光源或发光体。

③用凝聚光把点形光斑照射到烟雾上面。

④播散点状碎屑，追求点的变化瞬间，连续的悬空效果。

⑤磁力悬浮，气流吹拂。

点的安排方式还是很多，为了使空间更富有创意，越是与众不同的方式，就越能吸引眼球，也就越容易达到目的。

二、线

线在空间中有很重要的作用。线的表情比点要丰富得多，其形态可以粗略分为垂直线、水平线、斜线、曲线等。每种线都有着自己独特的性格，水平线给人稳定的感觉，垂直线表现向上和力度，斜线富有动感，而曲线则有着委婉亲切的个性。

用直线构成的空间理性、规则、有节奏感，但运用不好会使空间显得呆板、生硬。

曲线结构的空间，优美舒适，灵巧多变。缺点是施工操作成本高。如果施工不流畅，反而让人感觉心情不畅。

在虚拟空间中不仅需要各种线构成优美的韵律，更需要各种线所带来的视觉刺激，不规则的曲线和直线是在空间中引起视觉关注的重要角色。在空间的界定上，线比点的作用更为明确，与面相比其开放性更高，仍需要观者心理上给予充分的接纳。与点相比，线提高了空间界定的连续性；与面相比，线具有良好的通透性。事实上，连续的线所形成的就是一个有通透感的面，这样的“线面”既有坚定的空间分隔作用，又保留了空间的通透性，是虚拟空间设计中常用的界定手段。

线有视觉引导作用和指向性，还可以静态方式表现速度感，以静态方式表现动态。在空间中既可以作为骨架结构，又可以作为镶边轮廓，把形体从外界划分出来。

在空间中造线的材料多种多样，除了常规的植物、纤维、金属、木材以外，光、水也可以在空间中形成线。

另外，由于线在空间中是立体的，其截面不同，给人的视觉感受也不同。比如方截面的线就比圆截面的线显得粗壮有力。

案例分析：

下面是一个装修改建项目，别墅房间隔墙被建筑师去掉，两个房间融合形成一个大空间。厨房也与这个空间联系在一起。紧靠卫生间的墙面设置了大型的置物柜，保证房间的储存空间。几道弧线呈现在开敞、光亮的空间地板上，形成白色的弧面，为这个空间带来虚实相生、间影相合的界定。

光线在深浅地板上不同的反射，让房间光影调子更为丰富。

三、面

虚拟空间中运用最多的形态元素就是面了。介绍主题的题板、形象墙是几乎每个虚拟空间必备的面板。与点、线相比，用面所做的空间界限，是泾渭分明的划分出两个空间。面与点、线的最大区别在于：面对空间的间隔性要比后两者强；相反，点或线构成的空间比面构成的空间通透。确切地说是“通”，对于透明的需求，面空间可以通过玻璃、薄纱、薄纸、塑料膜等透明材料去满足。当然，透明是针对光线的，要在空间中分隔声音、气流，还得依靠面。

1.平直面和曲面

从形态上区分，面可以分为平直面和曲面两种。随着材料技术的不断发展，越来越多的曲面材料被应用到空间中，曲面在给空间带来优美韵律变化的同时，也让设计师难以把握空间的节奏变化，并且在施工工艺方面，也要比平直面复杂得多，处理不当会使空间显得凌乱，尤其是在曲面不够流畅自然时，给人难以忍受的生涩感觉。后期维护起来成本投入要更大。

2.面的存在形式

尽管有些曲面和环面可以把顶、墙、地连为一体，我们也还可以把空间中的面简单地归纳为顶面、墙面、地面。在虚拟空间中，一个面的位置以及以何种方式固定，不是依据它作为空间元素的功能，而是依据视觉传达的需要来决定的，也就是说虚拟空间中的面，不仅仅是作为顶、墙、地而存在的，更是作为以面传达信息的展板或者背景而存在的，甚至有的面纯粹是为了展示承载的信息而设的。

因此，虚拟空间中的面应该以引起的形式存在，而不是以牢固程度、人体工程学比例空间的遮蔽功能等作为衡量标准，简单地说，设计应该设法让每个面都吸引参观者的眼睛，以下介绍几种面的创意形式供大家借鉴。

（1）屏风的支撑方式也给空间增添了艺术氛围。

（2）悬挂是很常见的形式，但此处的面很特别，适当的弧度使面显得饱满厚重，成为空间最抢眼的物体。

3.墙面的装饰处理

在空间所有的面中，目光触及最多的就是墙面了。墙面也是设计师展现创意最直接、最快捷的地方。对墙面的装饰大致可以分为两种：平面的装饰和立体的装饰。平面装饰主要通过运用绘画、照片、投影等来吸引观众或作为展示物的陪衬。墙面装饰的主要手段有：穿透镂空、浮雕镶嵌以及在墙内嵌入显示屏幕。

4.体块

要想在空间中构筑坚实、厚重的体量感，体块是首选元素，为了方便表述和实施加工，体块常常被划分为各种基本形（在很多三维空间是这样划分的）：立方体、球体、圆柱体、圆锥体、环胎体、方锥体，还有自然形成的不规则的岩石形成的体块形状。

厚重是体块特有的优势，但处理不当则最终效果会给人带来笨重、压抑的感觉（除非空间追求特殊的视觉需要）。对体块的运用就成了设计师在厚重与灵巧之间的周旋。苏州园林的假山布置，就值得我们借鉴，笨重的石头，按照“透、漏、瘦”原则，巧妙地安排在花园里，既保存了山石风韵，又不妨碍有人观赏其他景观。

使体块轻灵的方法也越来越多，以下是几种较为常见的手法：

①体块内发光或自发光。

②体块表面做反光处理，包括镜面、金属荧光涂层等。

③透明化处理。

④镂空处理。

⑤悬垂或缩小支撑体。

⑥让体块运动或有运动感觉。

5.狭长空间的形态关系

这是一类非常有趣且容易产生效果的空间，所以我们把它单列出来做研究。狭长空间的出现有两种可能：一是空间结构的需要，比如走廊、间隔、剩余空间等；另一种就是设计师故意间隔出来，以备营造特殊效果。

狭长空间的处理手法概括有：

①重复某一形态元素，依靠透视关系，使之在空间中形成渐变感。

②利用人的“隧道尽头期盼心理”，空间两侧简单处理，而在一端放置有吸引力的元素，吸引参观者走到尽头。

③用多媒体手段制造“时空隧道”效果。

④在空间尽头放置镜子，通过反射空间显得更深邃。

⑤用镜子的反射效果丰富空间层次，打破狭长感。

第三节 ///// 虚拟空间的动与静

静态的空间一般来说形式比较稳定，常采用对称式和垂直水平界面处理，空间比较封闭，构成比较单一，视觉常常被引导在一个方位或落在一个点上。空间常常表现得非常清晰明确，一目了然。

动态空间，或称为流动空间，往往具有空间的开敞性和视觉的导向性特点。界面（特别是曲面）组织具有连续性和节奏性，空间构成形式富有变化性和多样性，常使视线从一点转向另一点。开敞空间连续贯通之处，正是引导视觉流通之时，空间的运动感既在于塑造空间形象的运动性上，如斜线、连续曲

线等，更在于组织空间的节奏性上，如锯齿形式的有规律重复，使视觉处于不停的流动状态。

在动态空间的设计上，中国古典园林很好地利用了“步移景异”的设计理念和造园方法。在古代园林设计上，大至皇家苑囿，小到私家园林，空间都是有限的。在横向或者纵向上为了让游人拓宽视野，丰富联想，以小见大，而采用的手法有：抑景、添景、夹景、对镜、框景、漏景、借景的手法，在游人观赏的动态移动中，以求得渐入佳境，小中见大，移步换景的理想境界，以取得自然、淡泊、恬静、含蓄的艺术效果。

第四节 虚拟空间与人的行为

可以说，所有人类的建造活动，其根本目的都是为了满足人们生理和心理需求，创造理想的生存、居住环境。因此，“以人为本”应该是所有建造活动的基本原则。

随着人类文明的发展和进步，人们越来越意识到，人类的生存和发展不能孤立地进行，人类的生存和发展离不开人与自然环境的和谐共生，离不开人与人造环境的和谐共生，离不开人造环境与自然环境的和谐共生，以及人与人之间的和谐共生等，通过恰当的构造设计，我们可以促进社会和生态的和谐发展。

本着从“以人为本”出发的原则，建筑空间所创造的一切人工环境，一方面是为了满足人们物质生活的需要或生理的需求而建；另一方面，各类建筑空间还应满足人们不同的艺术审美。因此，很多作品就成为技术和艺术集于一身的综合体。在设计的实践中，将艺术和技术有机、合理地结合，才能创造出既能够满足人们的生理要求，又能满足人们的心理需求的理想生存环境。

人类越是向前发展，其技术水平就越高，并且按照自己的意志改造着身边的生存环境的能力也在不断增强。

一方面，技术范畴要解决的问题是满足人们的生理使用要求，创造舒适的生存环境，只有通过合理的设计、精确的结构计算、严密的构造方式以及协调配

合建筑、结构、电气、给水、排水、暖通、空调、绿化等各个专业知识才能实现。另一方面，艺术领域要解决的问题是创造美的环境，以满足设计的心理需求，只有通过必要的艺术设计，才能满足人们的审美需求，而艺术设计的成果又要靠相应的技术条件才能得以实现。所以，从设计的本质上来看，技术和艺术两者是统一的合作关系。就像设计师需要艺术的灵感，也需要有相应的技术支持方法实现技术创新。著名的工程师兼建筑师富勒说过："艺术家经常凭他们的想象力构想出一种模式，而科学家则是后来才在自然中发现他的。"

具体到我们的专业方面，就是从人类发展的空间全局开始，在一项设计的过程中有节制地利用自然，尽量采用低能耗、低污染、可再生、降解快的技术和材料。研发新技术和材料固然是有效的方法，但需要一定的时间过程，不能一蹴而就。充分利用现有的技术、材料，通过合理的设计、采用可持续的材料，减少对环境的污染与破坏。这三方面是息息相关的，并非各自独立存在。

1.节能

这里的节能包含了减少能源的消耗和开发利用新的洁净能源两层含义。从另一个角度讲，就是在材料的生产和建筑物的使用过程中都要尽量减少能源的消耗。除了发展科技、发展新能源外，我们更可以利用现有的技术、材料达到目的。比如冬季供暖，利用太阳能和地源热能都是有效的办法，并且这方面的技术相对比较成熟。

2.减排

减排主要只在建筑物产生的各个环节有效减少有害废弃物的排放，包括气体、液体和固体，尤其要减少长效、不易降解的有害物排放。

3.可持续

为了达到可持续发展的目的，所采用的建筑材料必须满足"4R"原则。即Renew——可更新、Recycle——可循环、Reuse——可再用、Reduce——可减少。

第五节 //// 界面设计要素

室内界面的设计，既有功能技术要求，又有造型和审美要求。作为材料实体的界面，有线形和色彩设计、材质选用和构造设计等问题。

①地面（楼面、地面）——耐磨、防滑、易清洁、防静电等。

②墙面（墙面、隔断）——遮挡视线、较好的隔音效果、吸声、保温、隔热的要求。

③顶面（平顶、天棚）——质轻、光反射率高、较好的隔音效果、吸声、保温、隔热的要求。

为了确保室内各界面的功能要求，需要从室内材料选择采光、照明、色彩以及界面本身的形状、线脚、图案等方面处理，特别是对材料质地的选择。界面的线形处理更为重要，界面的线形包括界面上的图案、界面边缘交界处的线脚以及界面本身的形状。

（1）界面的形状

较多的情况是以结构构件、承重墙柱等为依托，以结构体系构成轮廓，形成平面、拱形、折面等不同形状的界面，也可以根据室内使用功能对空间形状的需要，脱开结构层另行考虑其形状。

（2）界面的图案与脚线

界面上的图案必须从属于空间环境整体的气氛要求，起到烘托、加强室内精神功能的作用。根据不同的场所，图案可能是具象的或是抽象的，但要考虑到与室内装饰物的协调。

界面的边缘、交接、不同材料的连接及其造型和构造处理，即所谓的"收头"，是室内设计中的难点之一。通常以脚线处理、界面的图案与脚线及天花装饰纹样，是室内设计艺术风格定位的重要语言表达。

室内界面根据线形的不同划分、花饰大小的尺度各异、色彩深浅的各层度配置以及采用不同材质，都会给人视觉上不同的感受。

①线形划分与视觉感受

垂直划分——空间紧缩增高

水平划分——空间开阔降低

②色彩深浅与视觉感受

顶面深色——空间降低

顶面浅色——空间增高

底面深色——空间沉稳

底面浅色——空间轻快

③花饰大小与视觉感受

大尺度花饰——空间缩小

小尺度花饰——空间增大

④材料质感与视觉感受

石材、面砖、玻璃——挺拔、冷峻、坚硬

木材、织物——柔和、活泼、具有亲切感

室内空间各界面处理的原则

(1) 装饰、装修要与室内空间各界面及配套设施的特定要求协调一致，达到高度、有机的统一。

(2) 在室内空间环境的整体氛围上，要服从不同功能的室内空间的特定要求。

(3) 室内空间界面和某些配套设施在处理上切忌过分突出。因为它们作为室内环境的背景，对室内空间、家具和陈设起到烘托、陪衬的作用，勿过于复杂而喧宾夺主。但是对于需要营造特殊气氛的空间，如夜总会、咖啡厅等，有时就需要对其做重点突出的装饰处理，以强化效果。

(4) 充分利用材料质感。质地美，能加强艺术表现力，给人带来不同的感受。

质地粗糙使人感到稳重、浑厚，它可以吸收一定的光线，即使在有强光照射的空间里，也可以使人处于柔和的光环境中而不觉得刺眼。

质地细腻的材质使人感到轻巧、精致，表面光滑可以反射光线，增加室内光亮。一般来说，大空间、大面积、质地宜粗，小空间、小面积或重点部分，质地宜细。

(5) 充分利用色彩的效果。虽然形状是物质的基础，色彩是从属于形式和材料的，各人对形状和色彩的反应并不完全一样。但是，色彩对视觉却有强烈的感染力，有着较强的表现力。色彩效果包括生理、心理和物理三方面的效应。所以说，色彩是一种效果显著、工艺简单、成本经济的装饰手段。

(6) 利用照明及自然光影在创造室内气氛中扮演着陪衬的角色。安静及私密类型的空间里，光线要较为暗淡些，甚至若隐若现；热闹及公共类型的空间，光线则要求明亮，也可以说是灯火辉煌。利用天窗的顶光以增加自然光线，利用窗花、花格顶栅等来丰富光影的变化。

(7) 充分利用其他造型艺术手段，比如图案、壁画、几何形体、线条等的艺术表现力。

(8) 在建筑物理方面，如保温隔热、隔音、防火、防水，也包括空调设备等，主要按照需要及条件来进行考虑和选择。

(9) 构造施工上实用简洁，经济上要实惠合理。

第六节 空间与界面构图

一、设定形体

形体包括由各界面和配套设施围合而成的空间，以及界面自身表现出来的凹凸和起伏。不同空间形体和不同界面及配套设施的形体变化对空间环境会产生重大影响。前者，如北京的人民大会堂墙壁与顶棚没有明显的界线，自然衔接，形成一个浑然一体的形体；后者则主要指大的凹凸和起伏，如藻井和吊顶下垂的筒灯等。

任何空间都由界面组成，而界面由线形组成。设计好空间最基本的技能是掌握线条的运用。不同的线条可以引起人们不同的联想和感觉。例如，密集的线有着极强的方向性；柱身的槽线可以把人们的视线引向上方，增加柱子自身的挺拔感；沿走廊方向表现出的直线，可以使走廊的进深感扩大；线有向心力或离心力，剧场顶棚弯向舞台的弧形分格线，有助于把人的视线引向舞台。

二、图案的作用及选择

1.可以利用人们的视觉来改善界面或配套设施的比例。一个正方形的墙面，用一组平行线装饰后，看起来可以像矩形；把相对的两个墙面全部这样处理后，平面为正方形的房间，看上去更显得深远。

2.可以使空间富有动感和静感。纵横交错的直线组成网格图案，会使空间具有稳定感；斜线、折线、波浪线和其他方向性较强的图案，则会使空间富有运动感。

3.还能使空间环境具有某种气氛和情趣。例如，装饰墙采用带有透视性线条的图案，与顶棚和地面连接，给人以浑然一体的感觉。

4.选择图案时，应充分考虑空间的尺度大小、形状、用途和性格。动感、表现力较强的图案，最好设在空间入口、走廊、楼梯和其他气氛轻松的公共空间；过分抽象的图案和变形较大的动植物图案，只能用于成人使用的空间中，不宜用于儿童房间。儿童用房的图案，应该富有更多的趣味性，色彩可以鲜明明快；成人用房的图案，则应慎用纯度过高的色彩，避免使人情绪急躁，营造稳定、舒适、统一的空间。

5.同一空间在选择图案时宜少不宜多。通常不超过两个图案，如果选用三个（或三个以上）图案，则应强调突出其中一个主要中心图案，减弱其余图案，从而避免视觉上的混乱。

第七节 空间与界面材料构造

在设计空间时，必然会联想到材质。选择材料的质感时，应把握好以下几点：

（1）耐久性及使用期限，要符合建筑物的性质、等级。

（2）耐燃及防火性能。现代室内装饰应尽量采用不燃及难燃性材料，避免采用燃烧时释放大量浓烟及有害气体的材料。

（3）无毒。材料散发出的气体和接触时的有害物质，必须低于核定剂量。

（4）无害的核定放射计量。如某些地区所产的天然石材，具有一定的氡放射剂量，必须低于核定量。

（5）易于制作安装和施工，便于检查、维护和更新。

（6）有必要的隔热保温、隔声、吸声性能。

（7）符合装饰及审美要求。

（8）符合相应的经济要求。

界面装饰材料的选用，还应考虑便于安装、施工和检验维护、更新。室内空间的性能决定了空间气氛，空间气氛的构成则与材料性能紧密相关。例如，娱乐休闲空间应采用明亮、华丽、光滑的玻璃和金属等材料，会给人留下豪华、优雅、舒适的印象。天然材料巧夺天工，自身具备许多人工材料无法模仿的美的要素，如质感、色彩、肌理等，因而选用这些材料时，应注意识别和运用，充分发挥其特有的自然美。例如，木材中的水曲柳、柚木、花梨木、红木等，石材中的花岗岩、大理石等，都具有独特的质感、天然的纹理和色彩。因此，在材料选择和运用上，并不是一味地追求高档、高价就能够组成好的空间效果；而所有材料各尽其用，恰到好处，无须花上高价钱，也能获得理想的效果。

案例分析：

在这里你能找到合适自己的香水。店内最耀眼的元素是木片组成的宛若熏香烟雾缭绕的造型墙。这个造型元素共使用到500片激光切割木片。在这片香气弥漫之地，你的感官将被重新发现。

明亮的灯光打在深色的背景上，小而精致的香水店采用对比手法吸引门口经过的顾客，让他们进入感性、诱人的店铺内部。壮观的木背景墙前面陈列着店内的商品，明亮的聚光灯聚焦独特商品。金属支架托起商品，让人们的视线更容易阅览商品，进行互动。另外一侧黑镜墙面安装的小小液晶屏幕则播放着每一款值得珍藏的香水信息。再往里是被隔开的内部贵宾服务区，这里比外面明亮，中间放置了一个用于交谈的桌子，墙面是背光布帘，几条黄铜在屋内纵横而过。

通常情况下，同种材料当距离远近或面积大小存在差异时，它所给人带来的视觉感受也有所不同。光洁度好的表面材质，越是接近感受越强，越远则感受越弱。例如光亮的金属材料，用于面积较小的地方，尤其在作为镶边材料时，显得光彩夺目。但当大面积应用时，就容易给人以凹凸不平的印象。毛石墙面近观粗糙，远看则较平滑。因此，在设计中，应充分考虑材料自身的质感，只有牢牢把握这些材料自身的特点，才能做到物尽其用，并在大小尺度不同的空间中，恰如其分地发挥效用。

对于不同要求的使用空间，必须采用与之相适应的材料。例如会议室、录音棚、电影院等，要有隔声、吸音、防潮、防火、防尘、光照等不同要求，为此选用不同材质、不同性能的材料，对同一空间的墙面、地面和顶棚，也应根据材料的耐磨性、耐污性、光照柔和程度以及防静电等方面的不同要求而选用合适的材料。

第二章 建筑的基本组成

本章重点

①了解建筑构造的基础知识。

②了解建筑构造的基本分类。

学习目标

理解虚拟空间是建筑构造的重要组成部分及室内的深化设计。

建议学时

8学时。

第三章　建筑的基本组成

建筑的基本组成

建筑构造是一切构造知识的基础，我们天天要与建筑发生联系。在日常的生活经验中，人们都有自己对建筑的认识，有很多关于建筑的名词也都已经认识，但是为了后面学习的方便，我们先来系统地了解一下建筑的分类、建筑的基本组成、与建筑设计有关的种种因素以及建筑设计中使用的模数标准。

第一节 建筑的基础结构

人们接触到的建筑多种多样，我们可以按照建筑的使用性质、建筑的高度、建筑结构的材料和类型对建筑进行分类。

一、根据建筑的使用性质分类

1.民用建筑：指的是供人们工作、学习、生活、居住等的建筑类型。通常又分为两大类。

(1) 居住建筑：如住宅、别墅、单身宿舍、招待所等，是以满足人们的基本居住需求为主。

(2) 公共建筑：如办公、科教、文体、商业、医疗、邮电、广播、交通和其他建筑等，以满足人们各种物质和精神生活服务需求为主。

2.工业建筑：指的是各类厂房和为生产提供服务的附属用房。通常按层数我们可以将厂房分为三类：

(1) 单层工业厂房。

(2) 多层工业厂房。

(3) 层次混合的工业厂房。

3.农业建筑：指各类供农业生产使用的房屋，如种子库、拖拉机站等。

二、根据建筑的层数或总高度分类

1.住宅建筑：1～3层为低层，4～6层为多层；7～9层为中高层；10层及以上为高层。

2.公共建筑及综合性建筑总高度超过24m为高层，低于或等于24m为多层。

3.建筑总高度超过100m时，不论其是住宅或公共建筑均为超高层。

4.联合国经济事务部于1974年针对当时世界高层建筑的发展情况，把高层建筑划分为四种类型。

(1) 低高层建筑：层数为9～16层，建筑高度最高为50m。

(2) 中高层建筑：层数为17～25层，建筑总高为50～75m。

(3) 高高层建筑：层数为26～40层，建筑总高可达100m。

(4) 超高层建筑：层数为40层以上，建筑总高在100m以上。

三、建筑的结构分类

应用木材、砖石、钢筋混凝土、钢材等材料都可以建造建筑，根据建筑承重构件所选用的建筑材料、制作方式与传力方式的不同可以划分不同的结构类型，建筑的结构类型一般分为以下几种：

1.砌体结构

竖向承重构件（多指墙体）以普通黏土砖、黏土多孔砖或承重混凝土空心小砌块等材料砌筑。水平承重构件（楼板及屋面板）采用钢筋混凝土或木材等。主要用于多层、无大空间要求的建筑中。现在国内大量建造的多层住宅及部分中小型公共建筑（普通办公楼、学校、小型医院等）都属于这一类。

砌体结构的主要优点：主要承重结构（承重墙）是用砖（或其他块体）砌筑而成的，这种材料任何地区都有，便于就地取材。墙体既能满足维护和分割的需要，又可作为承重结构，一举两得；施工比较简单，进度快，技术要求低，施工设备也比较简单。

砌体结构的主要缺点：砌体强度比混凝土强度低得多，故建造房屋的层数有限，一般不超过7层。砌体是脆性材料，抗压能力尚可，抗拉、抗剪强度都很低，故整体较松散，因此抗震性能较差。因为横墙间距受到限制，故不可能获得较大空间。

2.框架结构

承重部分由钢筋混凝土或钢材制作的梁、板、柱形成的骨架承担，墙体只起围护和分隔作用。框架结构的工作原理是：工作荷载传递给楼板，再由楼板传递给梁，梁再传到柱子上，最后由柱传递给基础。建筑的框架就如人体的骨骼，是骨骼撑起了整个的人体，一个人的骨骼是一定的，胖瘦却不一定。墙体就像皮肤，可能粗糙也可能细腻、可能白皙也可能黝黑……框架结构一般适用于多层的公共建筑以及一般的高层建筑（60米以下）。框架结构由于平面和立面布置相对灵活、技术难度不大、空间适用性较强（可以产生各种大小、形状的空间）等特点，正在被国内建筑业大量采用。

3.剪力墙结构

这种结构的竖向承重构件主要由钢筋混凝土墙体来承担，这种墙体有较强的承担风或地震等作用传来的水平作用力（剪力）的能力，比框架结构有更好的抗侧向力能力，因此可建造较高的建筑物。由于墙体间距的限制，空间灵活性较差，一般多用于住宅、公寓和旅馆等建筑中，剪力墙结构的平面形式有些类似砌体结构。

4.框架剪力墙结构

是由框架构成自由灵活的使用空间，来满足不同建筑功能的需要；同时利用局部的、适当数量的剪力墙使建筑具有较强的抗侧向力能力，从而可以建成较框架结构更高更稳固的建筑。

5.筒体结构

剪力墙只能在平面内抵抗一个维度的侧向力，对于垂直于墙面的侧向力的抵抗能力就很弱了，因此是一种平面结构，当建筑很高时（如超高层建筑）就不能满足稳定的要求，这时我们就要采用具有空间受力性能的筒体结构。其基本特征是：水平力主要是由一个或多个空间受力的竖向筒体承受，可以承受各个水平方向的侧向力。筒体可以由剪力墙组成，也可以由密柱框筒组成。

常见的筒体结构的类型有：筒中筒结构，由中央剪力墙内筒和周边框筒组成，框筒由密柱（柱距3米左右）、高梁组成整体，并可留有采光空隙。美国“9·11”被炸的世贸中心塔楼就属于这种结构类型；框筒结构，也叫框架—核心筒结构，由中央剪力墙核心筒和周边较稀疏的外框架组成。此外还有更为复杂的筒体结构，如多重筒结构、束筒结构、多筒体结构等。

6.特种结构

特种结构主要指空间结构。主要有悬索结构、桁架结构、网架结构、拱结构、张拉膜结构、壳体结构等结构形式。这些结构多适用于大跨度（30m以上）的公共建筑中。

第二节 建筑的基本组成

一幢建筑物，不论是民用建筑还是工业建筑，一般都包含有基础、墙或柱、楼板和地面、屋顶、楼梯和门窗六大部分组成。

一、基础

基础是房屋底部与地基接触的承重结构，它的作用是把房屋上部的荷载通过墙或柱传给地基。基础一般在建筑物的最下部，深埋在室外地面以下，犹如大树的根系，能使建筑物足够稳固。

地基则是承受由基础传下的荷载的土层（或岩石）。地基承受建筑物荷载而产生的应力和应变随着土层深度的增加而减小，这是因为土层受力面积随着深度的增加而扩散增大，单位面积的受力自然减小，这种土层的应力和应变在达到一定深度后就可忽略不计了。

地基、基础一旦出现问题就后果严重，并且很难补救。因此必须保证地基、基础有足够的强度和稳定性。

地基的一般要求：

首先，地基要有足够的承载力，以确保建筑物不能有明显的下陷。

其次，绝对不变形的地基是不存在的，那么我们就会希望地基有比较均匀的压缩量，以保证基础有均衡的下沉。若地基下沉不均匀时，建筑物上部会因此产生开裂变形甚至破坏。

如果是坡地建筑，它的地基除了要满足上述要求外，还要防止产生滑坡、倾斜等方面破坏。必要时（特别是基地高差变化较大时）应加设挡土墙，以防止滑坡变形的出现。

二、墙或柱

墙（或柱）是建筑物的竖直承重部分，犹如骨骼，支撑起整栋建筑。墙除了可以作为承重构件外，还是用来遮蔽风雨、减轻阳光辐射的围护构件，更可以划分空间。

三、楼板和地面

楼板和地面承受建筑物上部结构传下来的全部荷载，并把这些荷载连同基础本身的重量一起传到地基上。

多层和高层建筑有楼板，其作用是分隔楼层之间的空间，增加人的活动面积。楼板是水平方向的承重结构，它支撑着人和家具设备的荷载，并将这些荷载传递给墙或柱。地面层是指房屋底层之地坪。楼板和地面层都应满足人们在其上活动的安全及舒适度的要求。

四、屋顶

屋顶既是房屋的围护构件，抵抗风、雨、雪的侵袭和太阳辐射热的影响；又是房屋的承重结构，承受风雪荷载和施工期间的各种荷载。屋顶应坚固耐久、不漏水和保暖隔热。

五、楼梯

楼梯是房屋的垂直交通工具，作为人们上下楼层和发生紧急事故时疏散人流之用。楼梯要保证坚固和安全，并应有足够的通行能力，其总宽度应满足最大人流时的疏散要求，坡度要适中，既要节省空间又要不使人感到疲劳。

楼梯的功能是满足垂直交通，方便人们到达各层平面，是人们向高空争取生存空间的产物。楼梯的形态有很多种，如直跑楼梯、交叉楼梯、剪刀楼梯、双分楼梯、弧形楼梯、螺旋楼梯等。如果楼梯的连续的踏步数量过多，人们走起来就会比较容易感到疲劳，这时我们可以在楼梯适当的部位设置一些缓步休息平台，方便人们的休息与缓冲。我们把相邻两个缓步平台间的楼梯称为一个“梯段”，也可以叫“一跑”。根据相邻楼层间梯段数量的不同，有单跑楼梯、双跑楼梯、三跑和四跑楼梯。

楼梯的设计

(1) 楼梯的布置

楼梯一般要布置在交通枢纽、人流集中点上，以便于疏导人流，如门厅、走廊交叉口、走廊的端部……楼梯的数量、间距必须符合防火规范，满足疏散要求。

(2) 楼梯的性质

主要楼梯主要是有疏导人流的作用，位于人流量大的疏散点上，要求明确醒目、直达通畅、美观协调、有效利用空间。

辅助楼梯位于相对次要的位置上，配合主要楼梯实现疏散功能。

(3) 楼梯的宽度

楼梯的最小宽度取决于通行人流的大小。作为主要楼梯，梯段宽度按每股人流宽0.55～0.77m计算，最小不应小于两股人流，以确保上下通行的顺畅。

作为辅助楼梯，梯段净宽最小不可小于900mm。

楼梯平台包括楼层平台和中间

缓步平台两部分，缓步平台的形状要求相对比较自由，但要考虑不同功能和步伐规律的要求。

①直跑楼梯缓步平台宽度≥2g+r，并且不宜小于1m。

②双跑楼梯缓步平台宽度≥楼梯段宽度。

③有大型家具、设备搬运要求的楼梯，应具体考虑。

(4) 楼梯坡度与踏步尺寸

公共场所一般楼梯坡度为1：2，仅供少量人使用或不常使用的辅助楼梯坡度不宜超过1：1.33。

为防止碰头和产生压抑感，梯段净空高度不应小于2200mm，平台梁下净空不小于2000mm，且平台梁与起始踏步前沿水平距离不小于300mm。这是一些基本的数字，实际是以通行者的安全与舒适度为出发点的。

(5) 楼梯的装饰形式

①木质楼梯

木质楼梯的外形可以采用简洁设计，也可采用仿古、仿欧式的设计。栏杆多为木材制作，通常采用竖式带有造型的栏杆，也可以在其上加以镂空、浮雕装饰等。造型根据不同的设计风格而定，主要还以简洁大方为主流，在局部可以做一些精巧的装饰。木质楼梯给人稳重、古典、豪华的感觉，它多用于档次较高的室内装饰空间。

②钢质楼梯

钢质楼梯多采用镜面不锈钢和亚光不锈钢制成，常用的材料还包括铝合金、铜两种。它的栏杆材料和主体同为钢质，造型可以多变，但多采用简练的线条和块面为结构形式，也可以做成仿欧式的简洁花纹类造型。不同的栏杆造型会对整个楼梯风格有很大影响，也能从中反映出空间的整体格调。用亚光的不锈钢、铝合金制成的楼梯造价适中，因此适用于中档装饰空间；铜制的楼梯价格相对前面两者略高，但由于其自身颜色呈黄色，给人一种炫丽、辉煌的感觉，可以创造出很好的视觉效果，因此通常在中档偏高的装饰设计中被采用。钢质楼梯给人以冷静可靠、简洁大方、坚固耐用的感觉，多适用于公共空间。

③混合材料楼梯

混合材料楼梯，指钢、木、塑料、玻璃、铁等多种材料搭配制成楼梯，这种楼梯一般采用钢质骨架，其他材料一般用于扶手和栏杆制作，适合在装饰风格较现代的环境中运用，给人新颖、温柔、现代的感觉，属于中档制作形式。还有一种是单纯钢木结合制作的楼梯，该楼梯给人一种简洁、大方、现代的感受。用铁艺材料设计在现代楼梯栏杆制作中也显现出后来者居上的势头，它制成的栏杆造型美观典雅、富于变化，是一种较为理想的表现形式。

六、门窗

门是人们在两个相邻空间之间的通行出入口。窗主要是建筑用来采光和通风的。处于外墙上的门窗又是围护构件的一部分，应考虑防水和热工等要求。

组成房屋的各部分各自起着不同的作用，但归纳起来不外乎三大类，即承重结构、围护构件和附属功能构件。承重墙、柱、梁、基础、楼板、屋顶等属于承重构件。围护构件是指房屋的外壳部分，如维护墙、屋顶、门窗等，它们的任务是抵抗自然界的风、雨、雪、太阳辐射热和各种噪声的干扰，所以围护构件应具有防风雨、保暖隔热、隔绝噪声的功能。有些部分既是承重结构也是围护结构，如墙和屋顶。附属功能构件是依附于建筑主体，并为人们的活动提供便利，如阳台、雨棚、台阶、烟囱等。

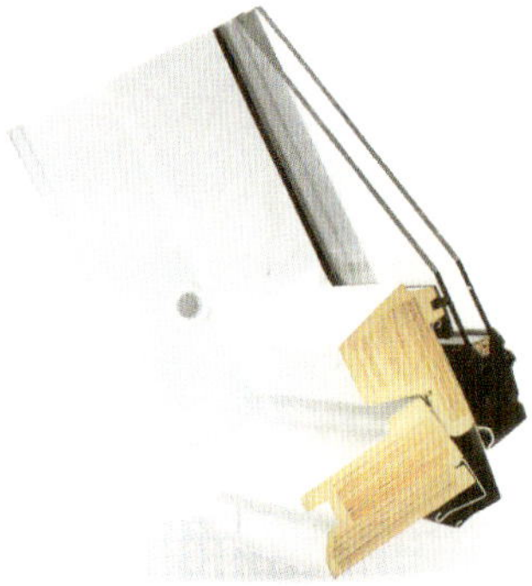

第三节 建筑的影响因素

所有的设计活动的最终目的都是要创造出一种安全、舒适、实用的人造生存环境，以满足人们在生理、心理等方面的使用需求，同时还要考虑一定的经济性和技术可行性。综合、全面地考虑各方面问题，是一项成功的设计作品产生的重要条件。概括而言，这些条件主要包含以下几方面。

一、外界环境因素

1.作用力的影响：包括人、家具和设备的重量，结构自重，风力、地震作用以及积雪重量等，这些统称为荷载。荷载对选择结构类型和构造方案以及进行细部构造设计都是最重要的依据。

2.自然条件的影响：如日晒雨淋、风雪冰冻、地下水等。对于这些影响，根据具体情况，在构造上必须采用相应措施，消除和削弱其不利影响，如防水防潮、防寒隔热、隔声隔汽、防止变形破坏等，以保证建筑的安全和舒适。

二、人的因素

1.人为因素的影响：如火灾、机械振动、噪声等的影响，在构造上需采取防火、防震和隔声、吸声等的相应措施。

2.人文因素的影响：文化、宗教、传统、习俗等都会对建筑设计产生很大的影响，同时也会对建筑构造产生极大的影响。比如在一些自然环境条件相近的地区，其具体的构造做法和展现的建筑及空间形象等往往存在相当的差异。

三、技术因素

技术条件指的是材料技术、结构技术、施工技术等。随着这些技术的不断发展和变化，相应的构造做法也在不断地发生着相应的变化，构造做法不能脱离相应的技术条件而存在。

四、行业标准因素

为了保证建筑的建造质量，做到尽可能的安全舒适，国家和各地方都颁布了相应的行业标准，比如各种建筑规范、造价标准、建筑装修标准、设备标准等。这些标准都会影响到建筑设计，同样会影响到建筑的构造做法。除此之外，我们还必须考虑节约问题，包括经济的节约和资源的节约，尤其是资源的节约，关系到人类健康可持续发展。

第四章　虚拟空间分割方式（一）——墙和柱

— 本章重点

了解建筑内部有机、无机形态。

— 学习目标

理解建筑内部固有结构体，培养正确认知墙体在建筑中的实际作用及用途。

— 建议学时

8学时。

第四章　虚拟空间分割方式（一）——墙和柱

第一节 ///// 墙和柱的概述

墙体的作用

墙体在建筑中的作用主要有四个方面：

承重作用：既承受建筑物自重和人及设备等荷载，又承受风和地震荷载。

围护作用：抵御自然界风、雨、雪等的侵袭，防止太阳辐射和噪声的干扰等。

分隔作用：把建筑物分隔成若干个小空间。

装饰作用：墙体是营造建筑室内、外环境的重要因素。

第二节 ///// 墙体的分类

墙体的分类大体有从墙体位置上、从材料上、从受力特点上几种分法。

一、墙体按所在位置分类

墙体按所在位置可以分为外墙和内墙。外墙位于房屋的四周，故又称为外维护墙。内墙位于房屋内部，主要起分隔内部空间的作用。墙体按布置方向又可分为纵墙和横墙。沿建筑物长轴方向布置的墙称为纵墙，沿建筑物短轴方向布置的墙称为横墙，外横墙俗称山墙。另外，根据墙体与门窗的位置关系，平面上窗洞口之间的墙体可以称为窗间墙，立面上窗洞口之间的墙体可以称为窗下墙。

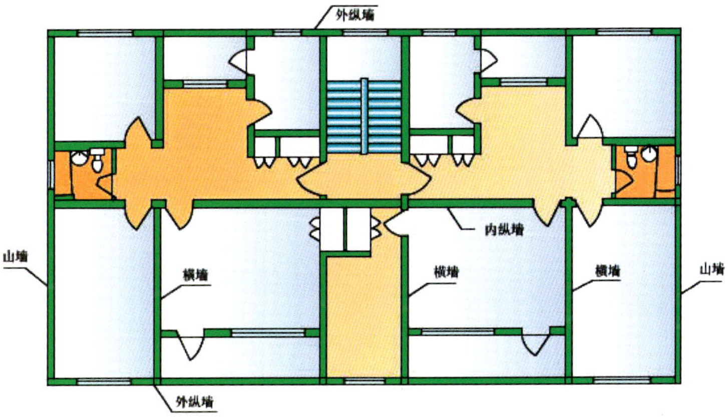

墙的名称

二、墙体按材料分类

1.砖墙。用作墙体的砖有黏土多孔砖、黏土实心砖、灰砂砖、焦渣砖等。砖块在砌体中的排列方式应遵循内外搭接、上下错缝的原则；错缝长度通常不应小于60毫米。砖缝必须横平、竖直，砖缝砂浆必须饱满、厚薄均匀。

2.加气混凝土砌块墙。加气混凝土是一种轻质材料，具有密度小、可切割、隔声、保温性能好等特点。这种材料多用于非承重的隔墙及框架结构的填充墙。

3.石材墙。石材是一种天然材料，主要用于山区和产石地区。

4.板材墙。板材以钢筋混凝土板材、加气混凝土板材为主。

5.承重混凝土空心小砌块墙，采用C20混凝土制作，用于6层及以下的住宅。

三、墙体按受力特点分类

1.承重墙。墙直接承受楼板及屋顶传下来的荷载，由于承重墙所处的位置不同，又分为承重内墙和承重外墙。

2.自承重墙。只承受墙体自身重量而不承受屋顶、楼板等竖向荷载，并把自重传给墙下基础。

3.围护墙。与室外空气直接接触的墙体，它起着防风、雪、雨的侵袭，并起着保温、隔热、隔声、防水等作用。

4.隔墙。它起着分隔空间的作用，把自重传给楼板层，隔墙应满足自重轻、隔声、防火等要求。

四、墙体按构造做法分类

1.实体墙。由单一材料组成，如普通砖墙、实心砌块墙、多孔砖、实心黏土砖、石块、混泥土和钢筋混凝土等和复合材料（钢筋混凝土与加气混凝土分层复合、黏土砖与焦渣分层复合等）砌筑的不留空隙的墙体。

2.空体墙。空体墙也是由单一材料组成，可由单一材料砌成内部空腔。

3.复合墙。这种墙体多用于居住建筑，也可用于托儿所、幼儿园、医疗等小型公共建筑。这种墙体的主体结构为黏土砖或钢筋混凝土，其内侧或外侧复合轻质保温板材，常用的材料有充气石膏板、水泥聚苯板黏土珍珠岩、纸面石膏聚苯复合板、纸面石膏岩棉复合板、纸面石膏玻璃复合板、无纸石膏聚苯复合板、纸面石膏聚苯板等。

五、按施工方法和构造分类

1.叠砌墙：是各种材料制作的块材（如黏土砖、空心砖、灰砂砖、石块、小型砌块等），用砂浆等胶结材料砌筑而成，也叫块材墙。包括实砌砖墙、空斗墙和砌块墙等。

2.板筑墙：是在施工时，先在墙体部位竖立模板，然后在模板内夯筑或浇筑材料捣实而成的墙体。如夯土墙、灰砂土筑墙以及滑模、大模板施工的混凝土墙体等。

3.装配式墙：是在预制厂生产的墙体构件，运到施工现场进行机械安装的墙体，包括板材墙、组合墙和幕墙等。机械化程度高，施工速度快、工期短。

第三节 ///// 墙体的设计要求

一、具有足够的强度和稳定性

墙体的强度与所用的材料有关。砖墙是脆性材料，变形能力小，因而对房屋的高度及层数有一定的限制值。

墙体的稳定性与墙体的长度、高度、厚度以及纵、横向墙体间的距离有关。为满足稳定性要求，通常在墙体开洞口部位设置门垛、在长而高的墙体中设置壁柱。抗震设防地区，为了增加建筑物的整体刚度和稳定性，在多层砖混结构房屋的墙体中，还需设置贯通的圈梁和钢筋混凝土构造柱，使之相互连接，形成空间骨架。在地震烈度7～9度的地区内，应设置防震缝，将建筑物分为若干体型简单、结构刚度均匀的独立单元。

二、满足保温、隔热等热工方面的要求

外墙必须满足热工方面的要求。

严寒地区建筑物的外墙，应满足冬季保温要求，还应适当兼顾夏季防热。

炎热地区建筑的外墙，则应满足夏季防热的要求，又适当兼顾冬季保温要求。

严寒地区的建筑物，如外墙采用普通黏土砖墙，其厚度的确定，往往是为了满足保温要求，如五层以下的住宅，240毫米厚已能满足承重要求，但却满足不了保温要求。炎热地区的建筑，240毫米厚黏土砖墙已能基本满足隔热的要求。

三、满足隔声要求

声音的大小在声学中用声强级表示，声强级的单位是“分贝”。噪声的传递分为两种形式：

空气传声：是声响发生后通过空气，透过隔墙再传到人耳。

固体传声：直接撞击隔墙或楼板而传到人耳。

为控制噪声，对墙体一般采取以下措施：

1.加强墙体的密缝处理。

2.增加墙体密实性及厚度，避免噪声穿透墙体及带动墙体震动。

3.采用有空气间层或多孔性材料的夹层墙，提高墙体的减震和吸音能力。

4.在可能的情况下，利用垂直绿化降噪。

四、满足防火要求

墙体还应满足防火要求，墙体的燃烧性能和耐火极限要符合防火规范的规定。

在较大的建筑中，还要按照防火规范的规定设置防火墙，把建筑物分成若干防火区段，以防火灾蔓延。如耐火等级为二级的民用建筑，长度超过150米或占地面积超过2500平方米时，应设防火墙，将建筑物分成若干个防火区段，同时任何易燃体不得伸入防火墙内。根据防火规范，一、二级耐火等级建筑，防火墙最大间距为150m，三级为100m，四级为60m。

五、适应工业化生产的需要

进行墙体改革，提高机械化施工程度，采用轻质高强的墙体材料。

第四节 ///// 墙体的变形

右图的案例，位于房子顶层的空间，避免不了的碰到了屋顶建筑所带来的缺陷——斜面，这很容易造成空间的压抑感，影响整体美观度。而设计师巧妙地运用墙面的变形，设计出了独具一格的隔断空间。

斜面并没有让设计师妥协，扭转整个空间局面的无疑是这堵波浪状隔断墙，将室内空间部分隐蔽隔绝的同时制造奢华美感。蜿蜒的弧度与倾斜屋顶完美吻合，而隔断墙本身的弓形弧度，则有效充盈了室内空间，带去更多宽敞感。

从室内部进一步揭开隔断面纱，整个墙面与建筑墙面融合为一体，并于周身贴上精美的黑色马赛克瓷砖。而隔断对于收纳也做了进一步设计，外侧则安装其他装饰材料，且设计成阶梯式平面，提供额外收纳场所。

第五节 //// 隔断墙的要点

界面形态上的空间分割可以分为绝对分割、相对分割、意象分割三种形式。以实体界面的围合限定度高的空间分隔，对空间绝对地进行隔离视线、声音、温湿度等，称为绝对分隔。绝对分隔是封闭性的空间，分隔出的空间界限非常明确，具有独立于外部环境的内部空间环境，具有安静、私密的功能需求。实体界面主要以到顶的承重墙、轻体隔墙、活动隔断等组成。这种绝对分割的空间经常运用于会议室、接待室、卧室等的设计中，创造了抗干扰和安静、舒适、私密的功能需求。以围合程度限定度低的局部界面分隔空间，称为相对分隔。相对分割在空间交通和视觉上有一定的流动性，其分割的强弱因界面的大小、材质、形态而异，分隔出的空间界限不太明确。分割界面的方式主要以不到顶的隔墙、屏风、较高的家具等组织组成。这种分割形式具有灵活多样的空间处理方法，既满足功能的需要，也使空间的联系、层次变化产生较好的效果。运用非实体界面分隔的空间，称为意象分隔。这是一种限定度很低的分隔方式。空间界面虚拟模糊，通过人的“视觉完形性”来联想感知，侧重一种虚拟空间的心理效应，具有意象空间的意味。在空间划分上形成隔而不断、流动性强、通透性好、层次丰富的特点。非实体界面是通过栏杆、罩、花格、构架、玻璃等通透的隔断，或者由家具、绿化、水体、色彩、材质、光线、高差、音响、气味、悬垂物等因素组成，形成意象性空间分隔。空间的分隔与联系，是室内空间设计的主要内容，分隔的方式决定了空间之间的联系，分隔的方法都是在满足不同的分隔要求的基础上，实现其功能，创造出美感、情趣和意境。

第六节 ///// 墙面装饰的功能及分类

一、功能

1.保护墙体，增强墙体的坚固性和耐久性。

2.改善墙体热工性能，提高室内照度，改善室内音质效果。

3.提高建筑物的功能质量、艺术效果，美化建筑环境。

二、分类

按部位不同分类：室外装修、室内装修。

按施工不同分类：抹灰类、涂料类、贴面类、裱糊类。

1.抹灰类墙面装修（又称粉刷）

(1) 抹灰按照面层材料及做法的一般抹灰步骤：

①材料：石灰砂浆、水泥石灰砂浆、水泥砂浆、纸筋灰聚合物水泥砂浆以及麻刀灰、纸筋灰、石膏灰。

②做法：

底灰（又称刮糙）：与基层粘牢和初步找平。

中间层：进一步找平，减少底层干缩后出现的裂纹，底层与面层之间的黏结层。

面灰（又称罩面）：装饰作用，要求平整、无裂痕，颜色均匀。

(2) 装饰抹灰的做法：

①水刷石饰面：用水泥和石子等加水搅拌，抹在建筑物的表面，半凝固后，用喷枪、水壶喷水或者用硬毛刷蘸水，刷去表面的水泥浆，使石子半露。水刷石饰面朴实淡雅，经久耐用，装饰效果好。

②干粘石饰面：用拍子将小粒径石碴甩到黏结砂浆上，然后拍实。饰面效果与水刷石饰面相似，但比水刷石饰面节约水泥30%～40%，节约石碴50%，提高工效30%左右，故应用较多。但因其黏结力较低，一般与人直接接触的部位不宜采用。

③斩假石饰面：斩假石又称剁斧石，它是以水泥石子浆或水泥石屑浆，涂抹在水泥砂浆基层上，待凝结硬化具有一定强度后，用斧子和各种凿子等工具，在面层上剁斩出具有石材经雕琢后的纹理效果的一种人造石料装饰方法。斩假石饰面装饰的效果类似毛面的天然花岗岩，质朴素雅、美观大方、有真实感、装饰效果好，但因手工操作，工效低、劳动强度大、造价高，故一般用于公共建筑重点装饰部位，如外墙面、勒脚、室外台阶等。

常规的粉刷材料的用途

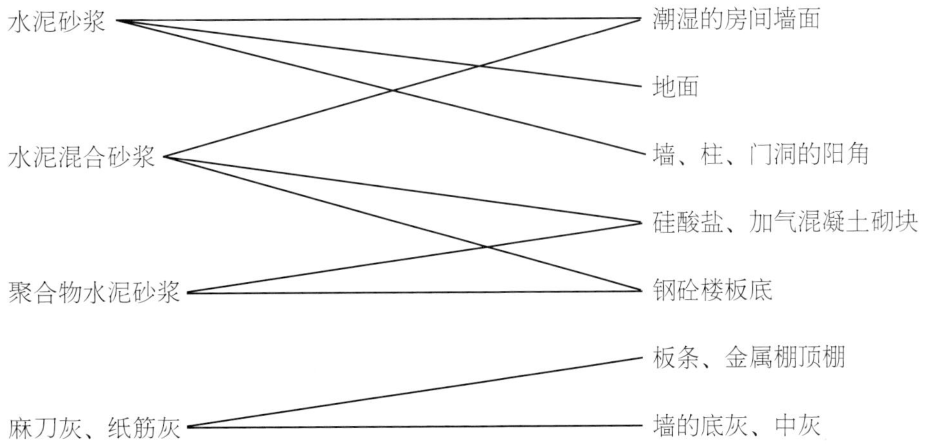

案例分析：

本案的构思，源于空间本身的地域文化关系和作为甲方的营销宣传的一个策略，即东方思想文化的定位，这种双向的文化、地域关系，决定了这个会所大堂的空间氛围。

①是东方哲学文化基础之上的衍生品。

②现代的诠释其地域特征，即山海资源的充分体现。

③尊重空间的原始诚意性，创造有诚意的空间感受。

整个空间的塑造起源于一个有机的形态：海水礁石腐蚀所留下的洞岩痕迹。这个有机的形态，被一个双层表皮所包裹。底层叫作草叶层，是用浅色水泥模板批荡成型墙面，工法之所以用复杂的草叶形态来表现，是隐喻周围茂密的草木地理文脉关系，同时与东方哲学文化内涵相呼应，暗喻一种内敛式的生活方式，顺应自然，人如草叶，一岁一枯荣。就像《菜根谭》所讲，人生如嚼菜根，其实很简单，从容、淡定，哲学均在一草一叶之中。上面一层是用了一个比较有韵

律感的木质格栅形态的有机体量覆盖整个空间。“朦胧、宁静、律动”，是我们所表达的空间意象。“朦胧”所赋予空间的是一种东方诗意的婉约美。“烟笼寒水月笼纱”，宁静是一种心态，是一种思索。“律动”是周边大海这一地理文脉所赋予我们的一种水纹的起伏，也是平静中的一种律动和喜悦，不卑不亢，不争不溢，东方的气韵、气象，是我们所追求的一种现代诠释。

工法技术：我们在探索把传统的建造技术引入室内空间当中，整个空间使用黏合剂的应用，全部以结构、节点连接所有形体，也可以说是回归传统的一种室内空间探索。包括底层墙壁用了灰水泥和白水泥1：2的配比，掺入黏合剂，用四块草叶模板图案，直接于墙面进行了20mm批荡处理，表面处理水泥自流平蜡质表层，以还原一种材料真实自然的效果。同时曲面的木质结构浮在表面，使图案半隐半现，朦朦胧胧，之所以引用一个律动感的曲面墙体格栅，除了文化底蕴的要求，同时很好地处理了原有土建的管道和结构造成的空间遗憾。

总之，从材料、工法到形体，我们都做到了尊重材料的真实性，工法与结构的诚意性，原始建筑空间的深度还原，遵守文化的诚意来创造空间的独特气质，全新阐释东方中国文化背景下的现代设计探索，这是自我本真的一个遵守和追求。

2.涂料类墙面装修

（1）按使用的部位分：

外墙涂料：要具有足够的耐久性、耐候性、耐污染性和耐冻融性。

内墙涂料：除对颜色、平整度有一定的要求外，还应具有一定的硬度，能耐干擦又能湿擦。

（2）按涂料的特殊功能分：防火涂料、防水涂料、防虫涂料、防霉涂料等。

（3）按涂料所形成涂膜的质感可分为：

薄涂料：黏度低，表面光滑、平整。

厚涂料：黏度较高，具有触变性，上墙后不流淌，成膜后能形成有一定粗糙质感的较厚的涂层，涂层经拉毛或滚花后富有立体感。

复层涂料：又称浮雕型涂料，其由基底涂料、主层涂料与罩面涂料三种涂料组成。

（4）施工大致包括：

基层处理：基层清理、基层修补。

刮腻子与磨平：基层刮腻子数遍找平，每遍干燥后需用砂纸打磨，使表面平整光滑。

涂料施涂：每一遍涂料不宜施涂过厚，应施涂均匀，各层必须结合牢固。

（5）施涂基本方法：

刷涂：用油漆刷、排笔等将涂料刷涂在墙表面上。

滚涂（或称辊涂）：用滚筒（或称辊筒，涂料辊）蘸取涂料涂布到墙表面上。

喷涂：用压力或压缩空气将涂料涂布于墙表面。

刮涂：利用刮板将涂料厚浆均匀地批刮于饰涂面上，形成厚度为1～2mm的厚涂层。

弹涂：利用弹涂器通过转动的弹棒将涂料以圆点形状弹到被涂面上的一种施工方法。若分数次弹涂，每次用不同颜色的涂料，被涂面由不同色点的涂料装饰。

3.贴面类墙面装修

（1）饰面砖：釉面砖、无釉面砖、花岗石、大理石、青石板等。

①面砖饰面多数以陶土或瓷土为原料，压制成型后经焙烧而成。

②釉面砖：表面光滑、美观、易于清洗，且防潮耐碱，具有较好的装饰效果，多用于室内卫生间、厨房、浴室，厚度5～7mm。

③无釉面砖（外墙面砖）：质地坚硬、强度高，吸水率低，用于外墙面。厚度13～17mm。

石材贴面类墙面装修按其厚度分为厚型、薄型。

板材：厚度在30～40mm以下。

块材：厚度在40～130mm以上。

④花岗岩板材饰面：构造密实，抗压强度较高，孔隙率及吸水率较小，抗冻性和耐磨性能均好，具有良好的抵抗风化性能，其外观色泽可以保持百年以上，多用于重要建筑的外墙饰面。

⑤大理石板材饰面：属于中硬石材，其质地密实，可以锯成薄板，加工成表面光滑的板材。

特点：表面硬度不大，而且化学稳定性和大气稳定性不是太好，一般宜用于室内。大理石的色彩有灰色、绿色、红色、黑色等多种，而且还带有美丽的花纹。

⑥青石板饰面：材质软、易风化。材性纹理构造易于劈制成面积不大的薄板。便于用简单工具加工，造价不高。

规格：一般为长宽300～500mm不等的矩形块，不要求很平直，表面保持劈开后的自然纹理形状。青石板有暗红、灰、绿、蓝、紫等不同颜色，所以掺杂使用能形成丰富而质朴的饰面效果。

下面介绍一组灵活组装的陶瓷墙面。设计师希望创造一面不断变化的墙，光线在墙面的阴影也是墙面不可或缺的一部分。这个墙面灵活组装成多种花纹。可以形成对称或者不对称的活泼立体表面。

希望打造一种特殊的陶瓷墙面，能产生不断变化的光影效果令墙面变得更加生动。就像花与太阳的紧密联系一样，光与陶瓷墙面建立了一种不可分割的关系，组成一个相互联系的有机整体，墙面会随着每天不同时段的光线变化而变得丰富多彩。

为打造一个完整的形状模块，设计师努力寻找着解决方案，她分析单块瓷片在整体中所处的具体位置，考虑如何进行系统的排列组合。为此，她尝试着对瓷砖的形

状、边角以及光影效果进行分别处理。由于传统的瓷砖常常因倾斜、拉伸或细切等容易变形，这就要求她设计的瓷砖模块首先要达到光影立体效果和平面的完美结合。接下来，瓷砖的边角与凹模的锥点或凸模的底部端点相互连接。如此一来，“凸模”与“凹模”组合之后就可以打造一个立体生动的陶瓷墙面。最后就是不同表面结构的模块的比例分配安排。

这种对比强烈的陶瓷墙面能够随时调整，根据需要制作出各种造型，灵活组装成多种图案，形成对称或不对称的生动立体表面。如此一来，生硬死板的墙面可以摆脱已往完全的规律化与传统性，变得具有创意和富有个性。

(2) 人造石板：预制水磨石、预制水刷石、合成石。

水磨石、合成石材优点：重量轻、强度高、耐腐蚀性强。

人造石材的色泽和纹理不及天然石材自然柔和，但其花纹和色彩可以根据生产需要人为控制，可选择范围广，且造价要低于天然石材墙面。

4.裱糊类贴面装修

裱糊类贴面装修是将卷材类软质饰面装饰材料用胶粘贴到平整基层上的装修做法。

(1) 金属饰面板：如铝合金板、烤漆板、金属夹心板、彩色塑料膜板等。

拥有着参数化的金属表皮，大连国际会议中心灵活的空间适应多种用途。通过墙面的巧妙分割，大多数的会议室和交通空间都有自然光倾入。

(2) 陶瓷锦砖（马赛克）：以优质瓷土烧制而成的小块瓷砖，有挂釉与不挂釉两种。规格尺寸：19mm×19mm、39mm×39mm正方形的、39mm×19mm长方形的、每边25mm六角形的及其他形状的多种，厚度一般为4～5mm。工厂按各种图案组合将陶瓷锦砖反贴在500mm×500mm大小的牛皮纸上。

特点：美观大方、拼接灵活、自重较轻、装饰效果好，用作室内、室外墙面的饰面材料。

(3) 墙纸：PVC塑料墙纸、纺织物面墙纸、金属墙纸、天然木纹面墙纸墙布、玻璃纤维装饰墙布、织锦。

案例分析：

切割成千上万块胶合板，在画廊中以多维的形式展开，从固体建筑形式的桎梏中挣脱，形成让人着迷的不稳定动态。

气流结构是一个物理装置，能将二维的数字线条转化为三维的立体空间结构。整个装置以一种静态固体的形式体现了流动性、起伏性、不稳定性和暂时性。画廊里的这个装置具有分隔空间的作用和视觉过滤效果。整个装置的色调搭配十分独特，呈渐变效果，带给真实的静态空间独特的动感。

第五章 虚拟空间分割方式（二）——顶棚分割

本章重点

①了解虚拟空间中顶棚设计的多种分割方式。

②了解顶棚设计方法及施工工艺。

学习目标

理解一切设计形式从功能性出发，充分考虑空间功能要求中的照明达到最亮化。

建议学时

4学时。

第五章　虚拟空间分割方式（二）——顶棚分割

第一节 ///// 顶棚的概述

顶棚是室内空间的构成元素，是室内空间中最大的可见单一界面，其形式与功能是我们研究的重点。顶棚的形式是整个房间风格的重要控制因素。

顶棚的形式与划分一般要注意与房间的平面布置以及墙面的设计风格相协调。

顶棚的功能主要体现在调节室内的物理环境和设备、管线的布置和隐藏。所谓物理环境主要是指温度、湿度以及声光环境的控制，这些可以通过顶棚面的选材和变换顶面的空间形式进行调节。比如，如果室内的湿度较大，选择面材就要考虑其防水和耐水的性能。或者某空间如会议室、电影院等要采用一定的吸声材料进行设计。现代建筑通常会有许多的设备及管线要布置在顶棚的内部或表面，比如空调管线与通风口、电气管线与照明灯具、消防与自动喷淋、烟感系统等。这些处理除了形式的分布要求外，还有更多的技术方面的考虑，在此作为了解即可。

一、顶棚的功能及影响要素

顶棚的功能一是遮盖各种通风、照明、空调线路和管道；二是为灯具或标牌等提供一个可承载的实体；三是起到吸声、隔热、通风等功能作用；四是创造特定的使用空间以及美观的造型。

影响顶棚使用功能的主要因素：

1.顶棚作为一种使用功能，它表面的设计和材质都会影响到空间的使用和视觉效果。当顶棚平整光滑时，它能成为光线和声音有效的反射面。若光线自下或侧方向投射过来，顶棚本身就会成为一个广阔、柔和的照明表面。它的设计造型和质地差别，也影响着房间的音质效果。通常情况下，如果大量使用表面平滑的装饰材料，容易引起反射声和混响声，因而在公共场合，必须采用具有吸声效果的顶棚装饰材料。在办公室、商店、夜店等场所，为了避免声音的强烈反射，采用的办法就是增加吸音表面，或是使顶棚倾斜，必要时搭配使用更多的块面板材进行折面处理。

2.顶棚的高度对于一个空间的尺度也有重要影响。较高的顶棚可以高悬一些豪华的灯具和装饰物增加庄重的气氛。低矮的顶棚设计给人一种亲切感，但如果设计不当，过低的高度反而会使人感到压抑。

3.灯光效果，是任何空间都不容忽视的因素。设计顶棚时，灯光控制有助于营造气氛和增加层次感。顶棚中要安装灯头，所以一般顶棚应采用简练、单纯、概括、明快的处理手法，不但要达到顶棚本身的照明需求，而且还要能展现出室内布局的整体美感。

二、顶棚装饰的设计要求

1.注意顶棚造型的轻快感。上轻下重是形成室内空间结构稳定感的基础，切忌“头重脚轻”。通常情况下，顶棚的形式、色彩、质地、明暗等处理都应首先考虑这个原则。

2.满足结构和安全规范的要求。顶棚的装饰设计应确保部分结构与构造手法的合理性和可靠性，以确保使用的安全，避免意外事故的发生。

3.满足设备和设备布置的要求。顶棚上各种设备布置中（尤其是高级、大空间的顶棚）通风空

调、消防系统、强弱电错综复杂，通风口、烟感器、自动喷淋器、扬声器等往往都是安置在内，设计时必须从整体入手，综合考虑妥善处理与顶棚的关系。

第二节 顶棚的分类

顶棚的形式变化丰富多样，按施工方式可分为以下几种：直接式顶棚和间接式顶棚以及吊式顶棚。

一、直接式顶棚

直接式顶棚一般指的是暴露结构和设备管线，只进行表面涂刷和雕饰，以保护结构和设备、改变界面质感和色彩。这种顶棚多半可以向人们展示出优美的屋顶结构轮廓或精细布置的设备。

根据是否设有设备管线，直接式顶棚还可以分为：

第一种：直接暴露结构式，其顶棚下没有设备管线穿过的直接式顶棚。我们常见到的这类顶棚一般在较为古老的建筑中。

梵蒂冈、圣彼得大教堂，在砖石或混凝土的棚顶上，可以直接暴露技术精美的轮廓所在的结构形体。

第二种：暴露设备管线的直接式顶棚。现代建筑中会有很多设备管线从顶棚穿过，利用管线进行个性化的装饰，是标志着工业化空间和高技派常用的手法。

展现钢架屋顶结构的直接式顶棚

餐厅的暴露管线的直接式顶棚——泰国曼谷的ZENSE

西班牙Tarragona，Terra Alta地区的一个老教堂修缮改造的。外貌并未改建，只在已消失屋顶的位置上加了一个透明的EFTE塑料屋顶。

视觉夸张的悬挑造型内，各功能区分割清晰。向外探出的斜面上侧种上绿色植物，让天光和美景都流入餐厅。通过通透的直接式顶棚，呈现在人们面前的是鲜明的建筑形体、宽敞的公共空间以及舒适的室内环境。

二、间接式顶棚

间接式顶棚是现阶段发展较快的一种形式，其名称是因独特的形态特征而来的。这种顶棚的主要特征有两种。

1.悬浮式顶棚

在承重结构下面悬挂各种折板、格栅或事物，就构成了悬浮式顶棚。采用这种顶棚往往是为了满足声学、照明等方面的特殊要求，或者为了追求某种特殊的装饰效果。

悬浮式顶棚的某些部分似乎悬浮在空中，给人飘逸、轻盈、自由的动态感觉，可有多种颜色和质地，常用于商业或娱乐建筑空间中。悬浮式顶棚的主要功能在于悬吊的平板，可形成不同角度的高低反射面，从而提供良好的听觉效果，多用于具有较高声学要求的多媒体视听间。在餐厅、茶室、商店等建筑中，也常常采用不同形式的悬浮式顶棚。

如图，设计师以自然的手法，删去一切不必要的装饰，展现柔和素雅的现代风。色调看似较为单一，设计师选用不同深浅色和质感的灰色大理石，配合三角及条子形状拼接出现“群山”的每一面，柔和光线的折射带给访客一种自然的整体感觉，却又令人品味自然中不平凡的细节。淡香槟金色显现出淡淡的优雅，犹如经历大自然洗礼的结晶，低调地诉说着山中藏宝的故事。

设计师使用LED照明作为顶棚装饰，成为这个设计的特色之一。从天花垂下的LED灯饰，仿如正感受山谷中的雨景，给人自然、舒适的感觉。在现代风格的设计下，不规则形状的功能墙和接待柜台带给人刚强和僵硬的感觉，使用LED灯饰刚好柔化其刚强的形象，令整体感觉更协调。

这样一个现代和抽象的设计来自重庆的自然环境，访客可以体验山城独特的形状，同时亦可融入自然，享受舒适、轻松的感觉。

2.软吊顶

之前所介绍的顶棚，都是从形式上加以区分，无论是面板还是龙骨，所用材料都是木材、金属等硬质材料。而这里介绍的软吊顶在间接式顶棚中是相对于前者而言的。采用大多为纺织物和一些可变性的有机材料。这些材料轻柔并且富于变化，可塑性极强，能够灵活自如地产生理想的顶棚效果。其中，我们可以简单地将这类吊顶分为纤维织物吊顶和绿化“植物”吊顶。

纤维织物吊顶是利用各种织物作为材料。这种吊顶的特点是：轻软、飘逸，给人自由洒脱的感觉，有着浪漫的气息。工艺上也比较简单，施工周期短。

绿化“植物”吊顶里的植物一词，一语双关。一层含义是这种吊顶采用的材料为天然的植物的根、茎、叶、花，如芦苇、竹子等。二层含义是在形态上模拟自然生长的植物形态，可以营造出更加亲近自然环境的室内空间。

有些餐厅、茶座以竹子或木材为主要材料做成葡萄架，形象生动，气氛十分和谐。

仿藤架类植物吊顶

纤维织物吊顶

竹子吊顶

三、吊式顶棚

吊式顶棚是将建筑顶棚中原有结构和设备管线进行遮蔽的顶棚装饰方式。它的特点是可以产生自由多变的顶棚形式，有着极强的隐蔽性和近乎完美的物理性能，同时还能起到优美的装饰效果。

吊式顶棚的外观形式上可分为：平式、复式、格栅式、发光顶棚及井格式吊顶等。在实际应用过程中更多的是几种吊顶形式的综合应用。

1.平式吊顶

所谓平式就是指整个顶棚处在一个平面，没有额外的高差变化，是目前造型最为简洁、符合现代设计风格的吊顶形式。其特点是表面平整，空间利用率高，常用筒灯、发光槽等照明。

平式吊顶的吊顶平面上，通常会布置灯具、空调通风口或设备检修口等，这些都成为了平面内的构图、变化元素，可以化解单一平面的单调、乏味，增加兴奋点及韵律变化。

平式吊顶对该空间的设计使人们的注意力从墙体转移到天花板，带给人们一种全新的开阔感与延伸感。

平式吊顶

2.复式吊顶

复式吊顶也称分层式吊顶或跌落式吊顶。特点是相对于平式吊顶而言的。在生活中我们通常用到的就是这种吊顶形式，它可以形成形式丰富多样的空间效果。复式吊顶是在棚面内有高差起伏、形式或材质的变化；可以是中间高，周围向下跌落；也可以周围高，中间向下跌落。其中跌落的级数在一级、二级或更多处皆可，高差处往往设有槽口，并采用槽口照明。

复式吊顶的具体形式根据设计要求可以变化多样，这里简单加以列举。

复式吊顶中有一些模仿结构形态，是一种伪装饰的“直接式吊顶”。

复式吊顶

3.格栅式吊顶

格栅式吊顶在内部构造上与平式吊灯极为相似，可以理解为只有将面层换成格栅即可。由于通过格栅，我们可以看到顶棚内部的结构和设备管线等，因此需要注意的是吊顶边缘的处理。格栅通常有木质和金属两种，形状上可以是方格形，也可以是长条形。

在很多商店中，选择的灯具均以木质格栅或钢板网格栅作为顶棚的悬浮物，一方面作为内部空间的主要装饰，另一方面又是作为灯具的支撑点。

长条形金属格栅吊顶

长条形木质格栅吊顶

方格形金属格栅吊顶

4.发光顶棚

发光顶棚实际上是一种模仿采光屋顶的设计手法，是一种吊顶与照明结合的方式。在一定的空间内，发光顶棚可以产生相对较为均匀的照明效果，给人更加贴近自然的感觉，并且可以有效地弱化可能的眩光现象。发光顶棚可以通过全部的顶面，也可以通过一个局部顶面。它可以与周围吊顶统一平面，也可以像复式吊顶一般错落有致。

发光顶棚的常见做法是用透明或半透明的材料（例如玻璃、有机玻璃板或PC板材等）作为吊顶的面层，并在吊顶内安装光源，通过一定角度的反射、折射以及漫射，在室内产生较为均匀的人工照明。

现代大型公共建筑空间，比如展厅、报告厅等，为了满足采光的要求，打破空间的封闭感，使环境更富有情趣，除把垂直界面做得更加开敞、通透外，还常常把整个顶棚做成透明的玻璃。还常用金属板或钢板网作为顶棚的面层。金属板主要有铝合金板、镀锌铁皮、彩色薄钢板等。钢板网可以根据具体的设计需要涂刷各种颜色的油漆。这种顶棚的形状多样，可以塑造多种变化的效果，而且极具现代感。此外运用镜面作为顶棚，最大的特点在于可以扩大空间感，形成闪烁的气氛。

5.井格式吊顶

设计井格式吊顶包括混凝土楼板中有主次梁或井式梁形成的网格顶，也包括在装饰设计中另用木梁构成的网格顶。后者多见于中式建筑，意图在于模仿中国传统古典建筑的屋顶结构。井格式天花造型丰富，可以在格内绘制彩画，或仿造西方宗教建筑装饰印花玻璃、磨砂玻璃等，并内置灯具。

有些顶棚上的井格是由承重结构下面的吊顶形成，在这些井格的梁与板可以用木材制作，或雕或画，既美观又方便；还可以在网眼内直接安装吸顶灯或吊灯，营造华丽、高雅的气氛。

中式风格的井格式顶界面设计

发光顶棚

别墅的井格式顶界面

第三节 ///// 顶棚考虑的主要因素

顶棚空间是室内空间的顶界面，是地、立、顶面三种界面中管线、设备安排相对复杂的一个面，这就要求设计必须先从空间实际性质出发，整合所有要求，强化空间的特点，避免影响空间环境的使用，以及破坏视觉效果。

因素一：考虑空间功能的要求

根据大部分建筑内部结构的需要，室内顶界面大量使用梁柱，视觉上给人凌乱感，用吊顶封起来，组织得当并加以修饰，不仅可以节省空间和投资，还能获得良好的艺术审美效果。在设计顶界面时，要充分考虑空间功能的要求，特别是剧场、电影院、音乐厅、美容会所等空间，顶部的设备、管线相对较多，在进行顶界面装饰设计时，务必从功能性出发，考虑到照明、声控、消防等专业要求。

因素二：考虑与空间整体风格的一致性

顶界面的装饰设计很大的一部分制约因素是由于建筑的基础情况和配套设施，应充分考虑各种设备在顶界面的设置。如灯具、通风口、扬声器、烟感报警器和自动喷淋等，通过协调设备与空间主题风格的统一，才能营造轻快感、舒适感。

各个空间的独特性和整体统一感

第六章 虚拟空间分割方式（三）——地面分隔

本章重点

①了解楼地面的基本构造原理。

②了解地面材料及施工工艺。

学习目标

理解地面分割在虚拟空间设计中的重要地位，掌握地面材料在功能划分中的重要性。

建议学时

8学时。

第六章　虚拟空间分割方式（三）——地面分隔

第一节 ///// 楼板、地面构造

楼板是多层和高层建筑的水平承重部分，提供人们活动的场所平台。它要能够承受家具、设施等的重量（静荷载）和在其上活动的人的重量（动荷载），并将这些重量（荷载）传递到竖向支撑结构上。地面包括楼层地面和底层地面，是直接与人接触的水平结构的面层。

一、楼地面的基本构造

室内地面一般包含三个基本层次：基层（结构层）、垫层、面层。

1.基层：地面的垫层多为混凝土或夯实土，楼板层的基层为钢筋混凝土楼板或木楼板等，这里的基层指的就是结构层。

2.面层：是使用者直接接触的表面，无论是材质的选择还是色彩、图案的确定，都是装饰设计的重点。具体做法与相关要求可参见本讲后面的相关部分。

3.垫层：位于面层和素土夯实之间，起结合、隔声、找坡的作用。根据所采用的材料的不同，分刚性垫层（不产生塑性变形，多为C10以上混凝土）和非刚性垫层（砂、碎石）两种。

二、楼地面的结构——钢筋混凝土梁、板

作为水平承重构件，楼板是直接可用的部分，但当空间较大或某些特定条件下，单一的楼板不能满足要求时，就需要增加梁的支撑。

梁板结构的基本体系是这样的：在室内活动的人们、室内的家具设备等的荷载传递到楼板，再由楼板传递到梁，再传递到墙柱等竖向承重体系……现在绝大多数建筑都是采用梁板结构体系，并且我国的传统木结构建筑也是建立在梁板体系基础上的。

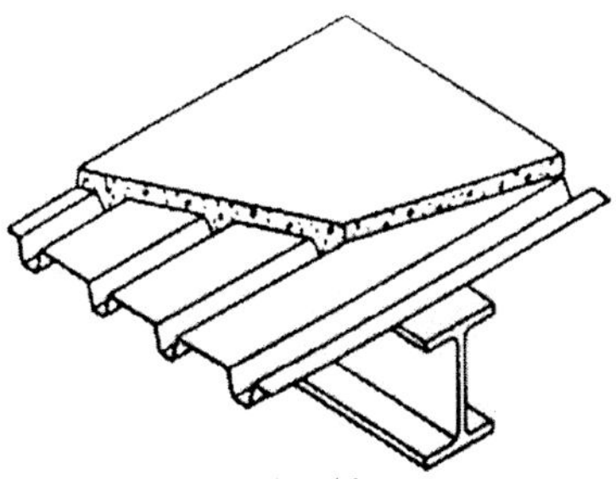

浪型混凝土板

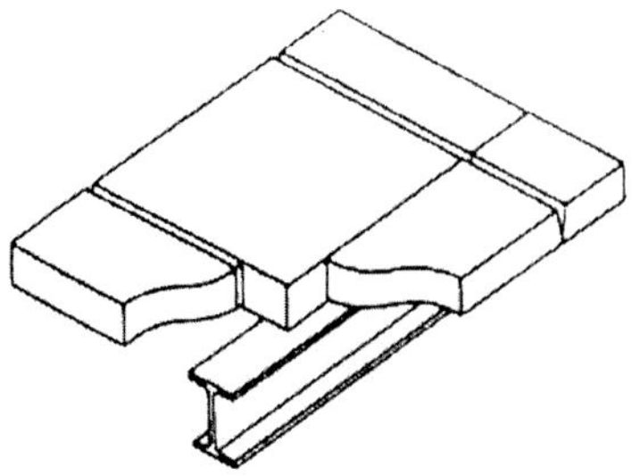

轻量混凝土板

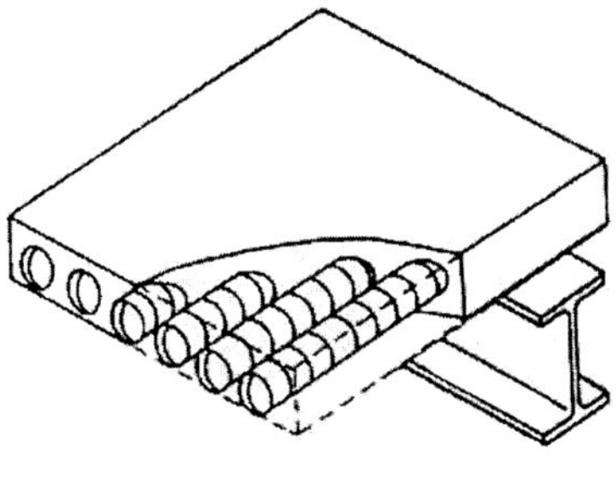

圆形中空楼板

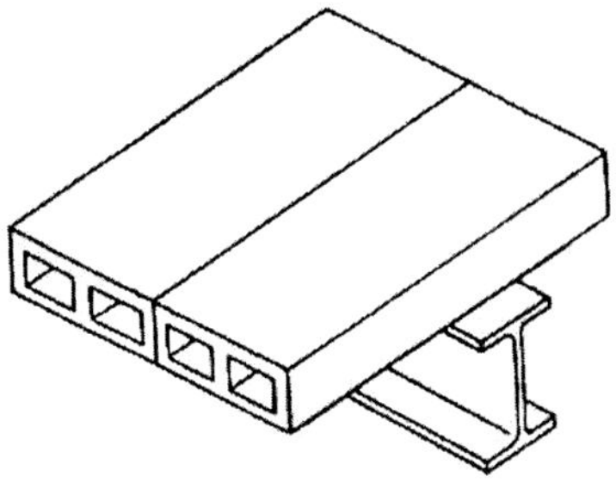

方形中空楼板

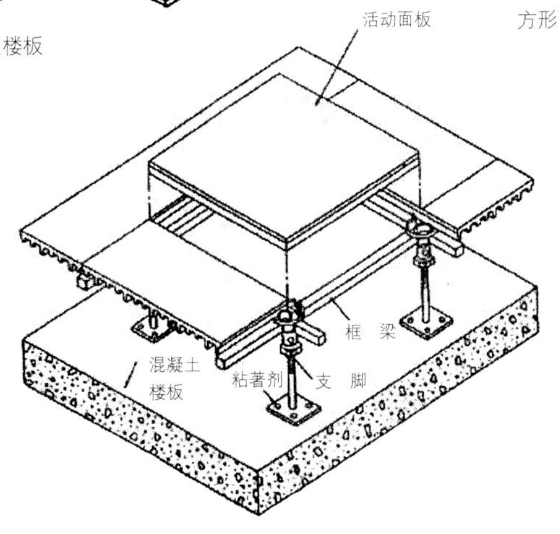

高架地板

梁、板根据施工工艺的不同可以分为预制和现浇两类。所谓预制钢筋混凝土梁板就是按照一定的标准、规格在工厂批量生产出预制梁和预制楼板，再运到现场进行组装。而现浇钢筋混凝土梁板，是在建筑现场作业，包括绑扎钢筋、调配混凝土、绑扎模板、浇筑混凝土、现场养护、拆模等工序。

二者相比较，各有优缺点，预制钢筋混凝土梁板最大的优点是生产效率高，现场湿作业少，适合大机械作业的工业化要求。但其致命的弱点是整体性差，不利于抗震，并且因为构件的雷同，造成建筑缺乏个性。相对于预制化生产，现浇钢筋混凝土梁板虽然施工效率相对较低，但因其整体性好、节省有效建筑空间、建筑造型相对自由等优点，是现在建筑业主要采用的形式。

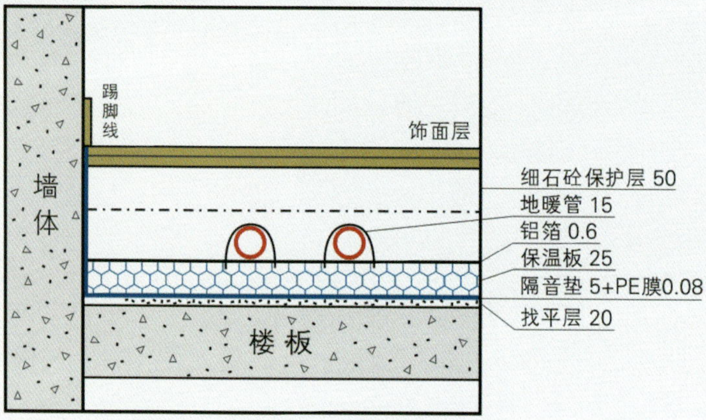

（湿法）浮筑隔音+地暖复合楼板系统构造图
(总厚度:95mm)

1.现浇楼板

（1）单向板：楼板长边与短边之比大于2，长边受力，现浇板厚度为跨度的1/30～1/40，且不小于60mm。受力钢筋分布在板的下部。单向板的经济跨度为1.5～3m。

（2）双向板：楼板长边与短边之比不大于2，也就是更接近方形，双向受力，板的厚度要求同上；受力钢筋分布在板的下部。

（3）悬臂板：雨棚阳台等部位的楼板，受力钢筋应摆在板的上部。板厚为1/12挑出尺寸，且根部不小于70mm。

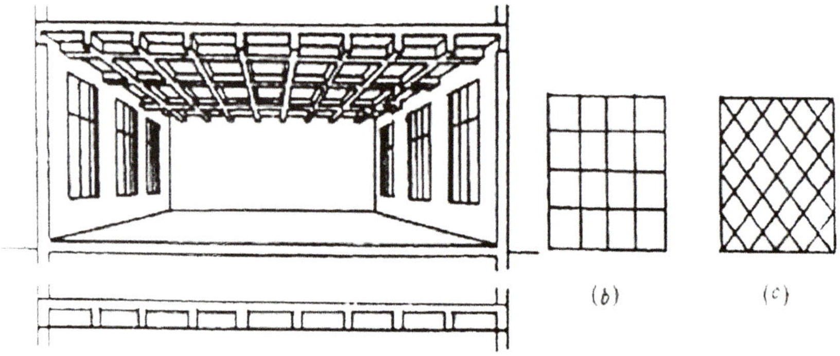
(a) (b) (c)

2.现浇梁

(1) 单向梁（简支梁）：高跨比1/10～1/12（梁高与跨度之比），宽高比1/2～1/3（梁的宽度与高度之比），主梁经济跨度为5～8m，次梁经济跨度为4～6m。

(2) 双向梁（主次梁）：又称肋形楼盖。板支在次梁上，次梁支在主梁上，主梁支在墙、柱上。次梁的高跨比1/10～1/15，主梁高跨比1/8～1/12，宽高比1/2～1/3，主梁经济跨度为5～8m。

第二节 ///// 地面材料的分类

满足楼地面结构、施工及物理性能的需要。基面装饰时要注意楼地面的结构情况，在保证安全的前提下，给予构造、施工上的方便，不能只是片面追求图案效果，同时要考虑如防潮、防水、保温、隔热等物理性能的需要。基面的形式各种各样，种类较多，如：木质地面、块材地面、水磨石地面、塑料地面、水泥地面等，图案式样繁多，色彩丰富，设计时要同整个空间环境相一致，相辅相成，以达到良好的效果。

一、水泥砂浆楼地面

属于现浇地面。通常有两种做法。标准较高的双层做法，先做一道15～20mm厚的1：3水泥砂浆结合层，然后做5～10mm厚的1：1.5～1：2的水泥砂浆抹面。标准较低的单层做法是只一层15～20mm厚的1：2.5水泥砂浆面层，不做结合层。

与这类地面性质相类似的还有细石混凝土楼地面、彩色水泥砂浆楼地面、彩色耐磨混凝土楼地面等。

彩色耐磨混凝土楼地面面层比较适用于车道、站台、车库等耐磨要求较高的地方，以及装饰性楼地面和庭院道路等强调装饰效果的地方。这种面层在浇筑混凝土时，表面要加入强化剂、着色剂、密封剂等添加剂，并用专用设备进行打磨、压光、压纹等处理，使之形成高强、致密、美观的面层效果。

二、现浇水磨石楼地面

1.现浇水磨石地面是将天然碎石料用水泥浆拌和后，抹浇、结硬后再磨光打蜡形成的地面。

现浇水磨石地面的构造通常分两层——底层是用12～20mm厚1：3～1：4水泥砂浆找平打底。面层是85%的石屑和15%的水泥浆的拌和物（不得掺砂，否则容易出现孔隙），当石屑的粒径是4～12mm时，面层厚度为10～15mm，随粒径增加，面层厚度须相应增加。

2.现浇美术水磨石地面就是有拼花图案的现浇水磨石地面。不同的色彩是由彩色水泥加大理石屑制成的。不同的色彩分区是利用金属或木的嵌条形成的。

3.现浇水磨石地面有厚度小、自重轻、分块自由、造价低等优点。缺点是由于需要现场浇注和打磨，导致现场工期长、劳动量大。

三、整体树脂类面层楼地面

整体树脂类面层楼地面是一种较新型的楼地面面层形式，它具有整体性好、清洁度高（不起尘）、耐磨等优点。这类面层对基层的平整度要求较高，通常的水泥砂浆面层要经过打磨、刮腻子等工序后，才可涂刷面层材料。

这类面层常见的有丙烯酸涂料、环氧涂料、聚氨酯彩色涂料、自流平环氧胶泥、自流平环氧砂浆等

四、区域式地面

区域式地面又称板、块料地面。陶瓷锦砖地面，陶瓷地面砖地面，预制板、块地面，花岗岩地面，活动地板等都是我们这里所指的板、块材料地面。

做法是用胶结材料将预加工好的板、块状地面材料，以铺砌或粘贴的方式，使之与基层连接固定形成地面。属刚性地面，弹性、保温、消声等性能较差，但耐磨、易清洁。适用于人流量较大的公共场所。这类地面施工前要先放线，以保证铺砌平直。

1.陶瓷锦砖地面

陶瓷锦砖又称马赛克，每块15～39mm见方，厚5mm，块间留缝隙。底层做15～20mm厚1：3～1：4水泥砂浆垫层，上铺马赛克，用滚筒压平，并使水泥砂浆挤入缝隙，使马赛克粘接牢固。

2.陶瓷地面砖和预制板、块地面

当预制板、块大而厚时，板下干铺一层20～40mm厚沙子，摆砖校正平整后，砂浆添缝即可。

当预制板、块小而薄或是地砖时，通常就有两种做法。一种是用12～20mm厚1：3水泥砂浆胶结在基层上，然后用1：1水泥砂浆嵌缝。另一种是用20～30mm厚干硬性水泥砂浆平铺于基层上，摆砖校正平整后，将砖取下，砖下撒素水泥浆一道，将砖复位，用胶锤捣实即可。

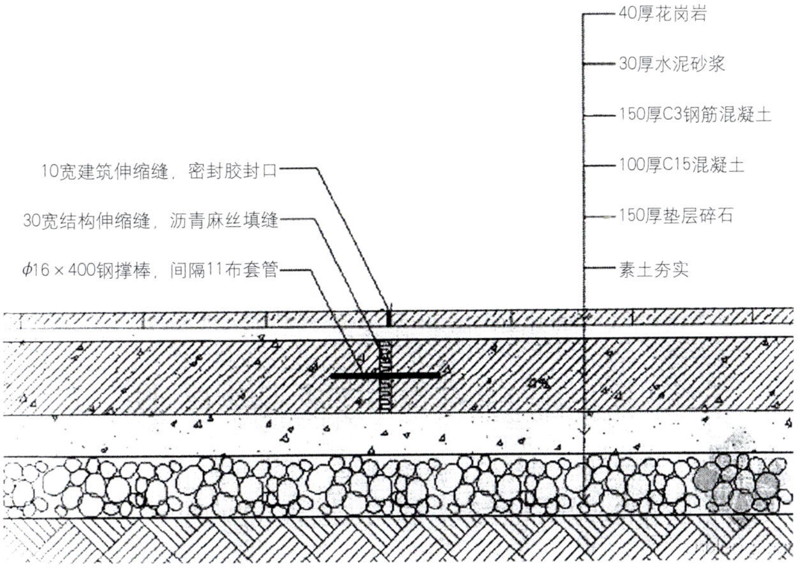

花岗岩地面的拼砌构造

3.花岗岩地面

花岗岩是天然石材，切割自由。成材通常有板材和块材两大类，铺砌方法可以参考预制板、块的铺砌。

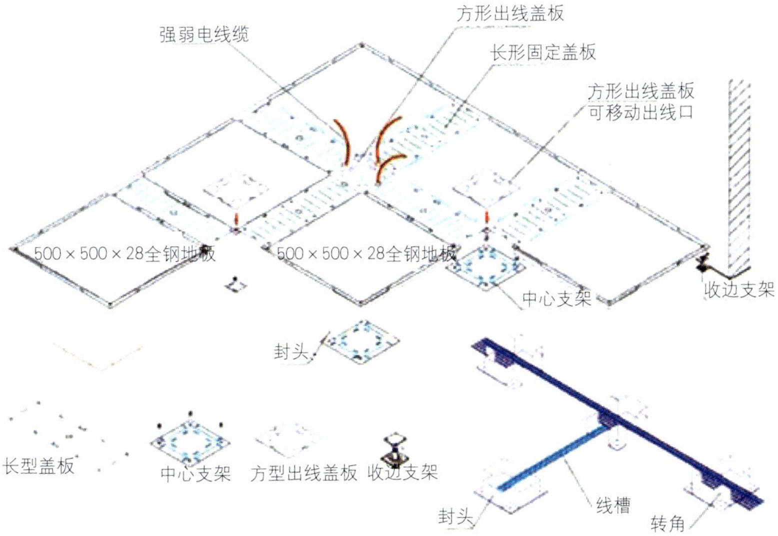

4.活动地板

活动地板又叫“装配式地板”，是由不同规格、型号和材质的面板、龙骨、支架等组合拼装而成的架空地面。架空空间内可铺设各种管线。

适用于仪表控制室、计算机房、变电控制室等房间的地面。

5.木地面

木质地面具有良好的弹性、蓄热性和触感。常用的有条木地面、硬木拼花地面等。条木地板应顺房间采光方向铺设，以减少光影。

木质地面按构造方式分实铺式木地面、架空式木地面、弹性木地面。

(1) 实铺式木地面

实铺式木地面要求地面结构层是有一定防潮能力的（如钢筋混凝土）。实铺式木地面通常有格栅式和粘贴式两种构造方法。

①格栅式实铺式木地面的构造程序是：基层找平→防潮处理（涂油漆、热沥青或放置防潮垫）→钉木格栅（截面50mm×50mm，中距400mm）→铺装地板面层。铺装时地板与墙面间要留10～20mm的空隙，以保证地面不会因地板的膨胀（受热或受潮）而拱起。

②格栅式实铺式木地面根据装修标准的不同，有单层做法和双层做法两种。格栅式实铺式木地面的做法特别适用于条木地板，如果是小块料的硬木拼花地板要采用格栅式铺装就只能采用双层做法了。

③粘贴式的一般构造做法是先在楼板上做好找平层（有防水要求），然后用黏接材料直接将地板粘贴在其上即可。这种方法对找平层的要求很高，尤其是条木地板。而小块料的硬木拼花地板对平整度的要求就好商量一些。

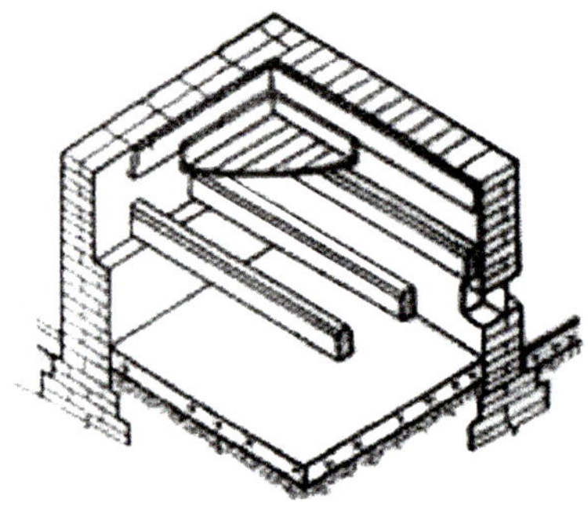

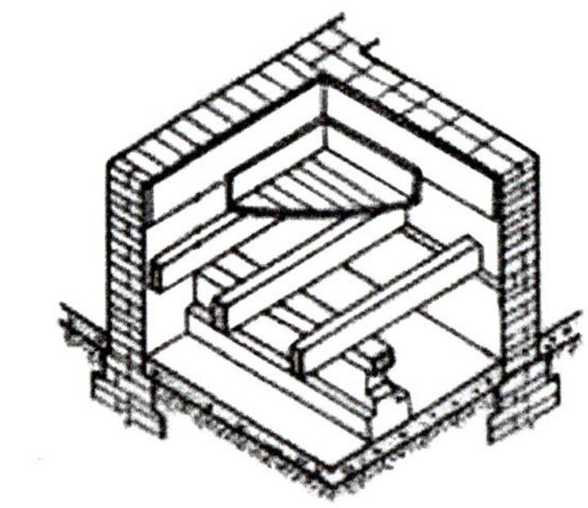

粘贴式构造方法可以节约木材30%～50%，而且结构高度小，可以节约室内净空高度，因此经济性好。但是弹性差、维修困难是它的主要缺点。

(2) 架空式木地面

架空式木地面是指支撑木地面的格栅架空搁置，下面有足够的空间便于通风，以保持干燥，防止格栅及地板因腐烂而损坏。这种方式特别适用于易受潮湿影响的地面。

所用格栅多为(50～60)mm×(100～200)mm的木方，中距400mm，需进行防腐处理。然后在格栅上铺钉条木地板。这种木地面的弹性和脚触感都很好，可以有效防潮。但是其隔声效果差，且自身也容易产生噪声，并且防火要求较高的空间更不应该使用这种地面。

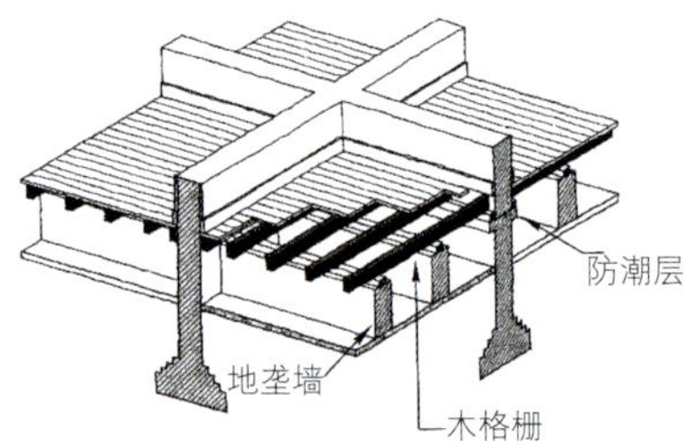

架空式首层木地板

(3) 弹性木地面

对地面弹性有较高要求的空间场所，如一些比赛场地、舞蹈杂技排练厅和舞台等，需要地面有较大的弹性变形能力，以缓冲因剧烈跳跃而产生的冲击，从而保护在其上活动的人员不受伤害。地面弹性的实现方式通常有衬垫式和弓式两类。

衬垫是用橡胶等弹性材料做成的垫块，垫在地板的龙骨下面，使地板有较大的弹性空间。但是时间长了垫块会因疲劳而失去应有的弹性变形能力。如果用钢弓或木弓代替垫块，尤其是钢弓，其弹性空间更大，弹性效果更好，也更持久、稳定、安全。

6. 地毯

地毯不同于地板，没有因冷硬而使人产生拒绝，地毯柔和的色彩和强烈的质感，带来了一个安静舒适的感觉和生活质量。不同房间有不同功能的选择。门厅，一般铺设地毯或小尺寸垫。这样，人们在门口时，眼睛明亮，而且也发挥了清洁的作用，适用于化纤等，以促进地毯清洗和维修的选择。一个更大的空间，客厅可以选择重耐磨的地毯。地毯面积略大，最好的可以放沙发下面，形成一个统一的整体效果。如果房间小，选择地区略高，地毯越来越大，他们可以选择圆形地毯。卧室，适合温暖和舒适的环境，所以地毯的质地很重要，羊毛地毯和真丝地毯是注重生活品位和质量的选择。儿童的房间要易于清洁，防滑的尼龙地毯是最佳选择。浴室适用于小型地毯和脚垫。市场还特别注重室内设计的防滑地毯浴，以及整套浴室。家居地毯底色及图案的选择。选择地毯，背景颜色应该与装饰结合在一起。选择与房间相关的颜色。房间要成为一个和谐的整体。

第三节 //// 平面功能分析

一、什么是功能?

功能指事物或方法所发挥的有效作用。这里所说的功能指能给人在生活或生产中提供有效的物质环境。空间不是凭空产生的，它的产生建立在功能需求的基础上。按照功能进行设计这一原则，布鲁诺·赛维认为，现代建筑最本质、最核心的原则是“按照功能进行设计的原则”。他指出：功能的原则“是建筑学现代语言的普遍原则，是当代建筑规范中基本不变的准则”。

心理需要还可以通过对人们行为模式的分析去了解。

1. 从功能出发考虑设计，回到零点，抛弃一切现存的东西。

2. 推翻过去，排除一切标准化、形式化的规则（也就是固定模式的标准化实物）。

3. 拥有判断和选择的无上权力、永无止境的探索精神。

二、功能在平面中的作用

平面布置图的特点是能够准确地表达出空间环境的全局使用情况、平面形式特征，它能够将空间比例关系、尺度关系、功能分区、交通动线等表现得完整无缺。其中，功能动线分析图是将复杂的问题转变为清晰明了的客源分流，并将这些分析图用“可视化”视觉图形语言表达出来，使其一目了然。平面图是对各功能区面积的分配。例如，在办公空间中，共享空间应作为设计重点分配最大的面积；在商业展卖空间中，作为展示商品的展卖空间是设计的重点，所以要对此分配最大的面积;在餐饮空间的设计中，厨房的设计是重点，要分配一定比重的面积。因此，在空间布局上，当然要首先考虑能满足基本需求的配置，节省并充分利用有限的空间，根据功能区域分配合理的面积需要。

三、平面在空间中的界定与尺度

在对每个功能区域进行大的概念分区之后，要做的就是对各功能区进行有机的整合，即如何把各功能区域及层次性有机地联系起来，哪一个区域要连接哪一个区域，既要满足人们使用上的便利性、快捷性，又要使整个空间流动线流畅，因此就体现了平面规划的重要性。

1.空间运用串联方式

空间运用串联方式强调并制造空间之间的联系，为人们带来更多样的生活可能；寻找一种更合理的方式，减少传统分割时空间设置带来的走廊等空间浪费。让空间能够应人们生活所需，呈现出新的面貌："有时围合，有时开放，有时独立，有时复合"。采用连续弧形隔断墙划分室内空间，可营造出现代形式感的"流动空间"，以此作为整个室内空间的主脉。

2.对使用功能的分析

针对空间使用功能的分析如下表。

四、平面在空间中的动线与流程

地面的装饰设计比较复杂。由于使用率十分复杂，我们既要考虑到使用功能上的要求，还要兼顾保护作用和审美感受。

1.科学化分，动静有别。地面常常依据空间的使用功能，主要决定材料的选用。通过采用不同材质、地面的高差以及图案变化等来划分不同性质的空间区域，体现空间不同性质的使用功能。

2.设计师应依照既定的图形元素将地面材质沿有形或者无形的格子、线、框等有秩序地排列起来。

3.地面装饰设计的基本元素就是地面的材质与色彩。地面越大其图案、质地、色彩给人留下的印象越深刻，甚至影响到整个空间的氛围。选择地面图案要充分考虑空间的功能和性质。

在没有多少家居或者家具布置周边的大厅、过厅中，可以选用中心比较突出的团花图案。并与顶棚造型和灯具相互适应，以显示空间的华贵与庄重。

在有些家具覆盖率较大或者采用非对称布局的居室、客厅、会议室等空间中，宜优先选用一些几何图案和网状图案，给人以平和稳定的印象。如果仍然采用中心突出的团花图案，图案很可能被家具覆盖，不能完整地显示出原有的面貌。

有些空间可能需要一定的导向性，我们不妨用斜向的图案或是一些特殊的图案，让它们发挥导向提示的作用。平面图是对使用功能的合理划分，使用面积的适度分配，使其达到功能的最佳方式的满足。有墙体、柱体定位尺寸，并有确切的比例。不管图样如何缩放，其绝对面积不变。有了室内平面图后，设计师就可以根据不同的空间布局进行室内平面设计。平面设计师可以划分平面设计图和天花平面设计图。

平面图表现的内容有四部分，第一部分标明室内结构及尺寸，包括室内的建筑尺寸、净空尺寸、门窗位置及尺寸；第二部分标明结构装修的具体形状和尺寸，包括装饰结构在内的位置、装饰结构与建筑结构的相互关系尺寸、装饰面的具体形状及尺寸、图上需标明材料的规格和工艺要求；第三部分标明室内家具、设备设施的安放位置及其装修布局的尺寸关系；第四部分标明家具的规格和要求动线与流程的尺度与功能的分区。

内容	确定使用人群的主、次行为		界定行为的性质						空间尺度的要求		
项目	主要行为的名称与功能	次要行为的名称与功能	主动与被动	对声音的控制	公众行为与私人行为	对空间的多功能需求	空间使用的频率	时间要求	使用行为对面积的要求	社交距离与避免相互干扰的距离尺度	使用行为与空间高度及地面形状的分析研究

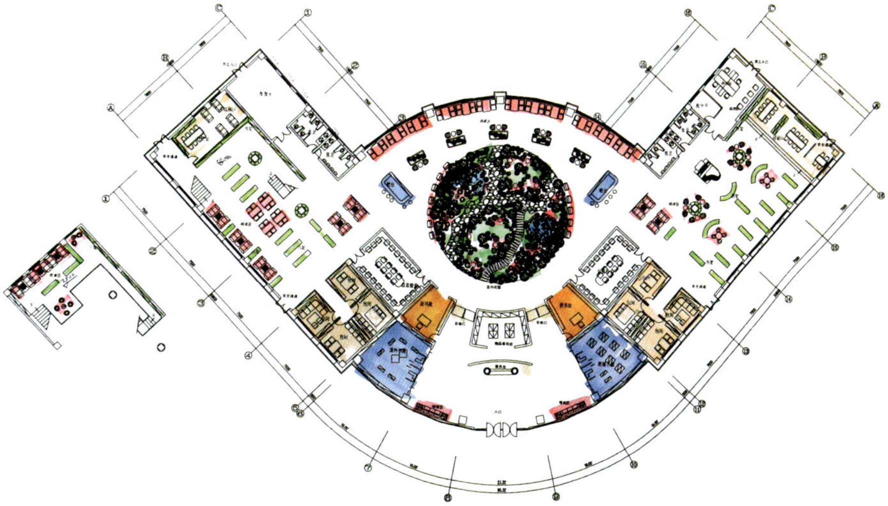

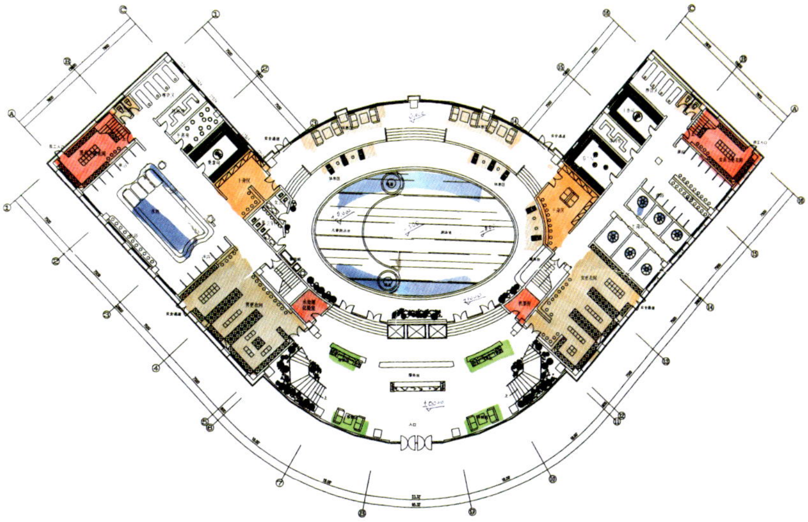

一层平面方案

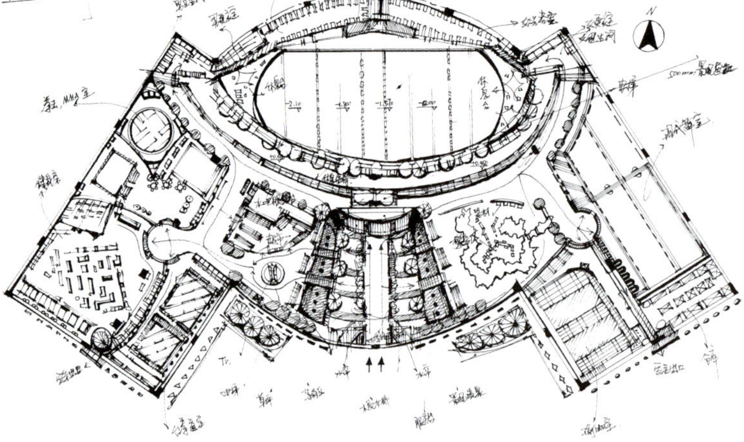

二层平面方案

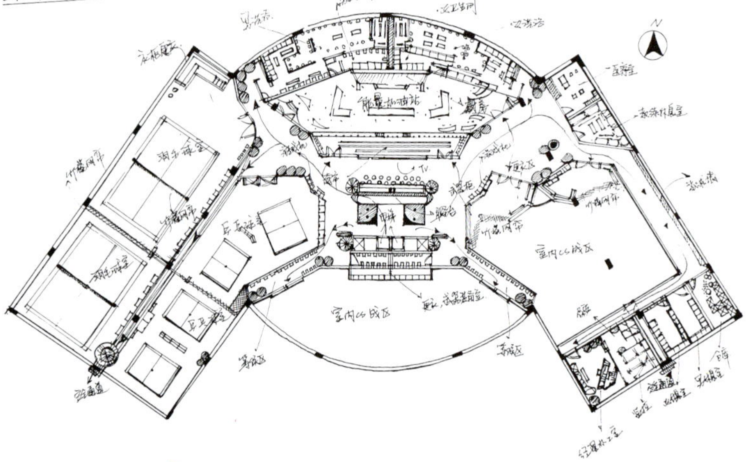

第七章　虚拟空间分割方式（四）——隔断方式

本章重点 »

①了解什么是虚隔和实隔。

②了解室内空间的"围与透的实际功能及效果"。

学习目标 »

用满足审美的装饰性来体现实用功能的重要性，体现出隔断真正的价值是在于"似隔非隔，隔而不断"。

建议学时 »

16学时。

第七章　虚拟空间分割方式（四）——隔断方式

隔断的种类很多，从空间上来分，有虚隔和实隔。虚隔在中国的建筑美学里称为“借景”。通过门、洞、窗向庭院借景，把室外的景物、自然风光引入室内，从而达到室内外景观的相互渗透；也可以利用台阶、灯具、花卉、色彩等象征性地将空间划分出不同层次区域。实隔则是在室内利用各种形式的隔断进行区域性的使用功能划分，取得室内空间“围与透”的效果。自古以来，无论是绘画还是建筑，其虚实都是相对而言的，隔断真正的审美价值在于“似隔非隔，隔而不断”，这在室内空间分割中是极为重要的，同时兼有实用的功能性和满足审美装饰性的作用。

从限定程度上划分，有空透式隔断和隔墙式隔断；从隔断的固定方式来分，有固定式隔断和移动式隔断；从隔断使用功能来分，有移动式、拼装式、折叠式和卷帘式；按其外部形式来分，有空透式、屏风式、帷幕式和家具式。从材料角度又可分为竹木隔断、玻璃隔断、金属隔断和混凝土花格隔断。在室内空间中，由于使用功能的需要，通过设计手段并采用一定的材料，对空间进行划分，使得空间装饰更丰富，功能更完善，隔断成为室内设计中最常用的一种表现手法。利用隔断的不同种类来对空间进行划分和分隔，既要根据空间特点及功能要求，又要考虑艺术特点及心理要求。

墙体隔断是最常见、最普通的隔断方式，可以用于不理想房型的重新整理和使用区域的明确划分。它的优点在于空间划分明确，与原有空间能够形成很强的一体性，有效隔离声音和光线，保证私密性。缺点在于过于笨重和死板，较少灵活性与艺术性。除此之外，根据其形态和功能，我们通常把隔断分成以下几种方式。

第一节 ///// 通透式

通透式分隔的限定度很低，或是空间界面模糊的分割，部分情况下起着象征作用，能给人更多的心理上的空间感觉。通透式分隔多通过对空间地界面或顶界面的处理来获得。

玻璃质地通透，视觉感极佳，用它装点家居是一个大胆的创意。玻璃隔断让采光能贯穿整个空间，或将其他空间充足的光线引入到一些比较暗的房间里，来提升整个空间的亮度。

在空间感上，透明材料如玻璃是直接通透，这样的隔断易于清

洁，保持明亮，多用于厨房、卫生间。常见的透明、半透明材料有玻璃、有机玻璃。灵活地利用透明材料，除了立面的拓展空间，也应用在顶面设计上，来增加空间的广度和深度。

设计师利用地毯与石材地面形成对比，象征性地分隔了卫生间和卧室两个虚拟空间。在地面上两个区域上方为了统一家居空间的完整性，设计师并没有在顶界面加以分隔形成相对独立的部分，却在立面上通过色彩与地面的象征分割呼应，并采取相同格调。不同数量的灯饰组合，进一步细化了通透式分隔的效果，形成了两个不同的心理空间。但本质上还是一个整体空间，既不影响人们的流动和视域，又分享了对整体空间的感受。

第二节 半通透式

半通透式分隔的特征是用活动的分割体，或折叠或升降，或移动式的隔断、可移动的家具等来分隔空间，根据使用要求的变化和人数的增减而随之变化，空间形态可大可小，其分隔程度与其他几种相比而言，富有极强的弹性、灵活性更好。通过加工可以使材料具有很好的光泽，如抛光金属、玻璃、大理石、瓷砖等，通过镜面般光滑表面的反射，使室内空间感扩大。

下组图为一家料理餐厅，定位为高档非正式访问或宴请餐厅。内部运用现代玻璃图案做屏风图案和墙面肌理。还有一个私密餐区的墙面是起伏不平的竹子块墙。旋转屏风可以将空间分隔，不过屏风的通透并未完全切断他们的联系。餐厅内的家具也是精心选择的，在选择家具的时候设计师格外注意这些给予空间经典现代感的家具，恰如其分，并不抢眼。

通过半通透材料隐约可见其背后的模糊镜像，在一定情况下，这种“犹抱琵琶半遮面”已经比透明材料的完全暴露和不透明材料的绝对隔绝更具有迷人的魅力。

第三节 ///// 悬挂式

用悬挂的方式将纤维艺术置放于室内空间中，产生各种形态特征和氛围，其要求所使用软雕塑材料具有良好的悬垂特性，并且色泽、形态、材质的不同组合，会产生相异的空间效果和空间层次。

如图的一个展厅，表现在展示共享空间中的悬挂式小品，为现代忙碌而紧张的人们增添轻松的氛围和感受，同时增加空间的层次、艺术、趣味，突出空间的个性特征。悬挂式结构表现的张力丰富且灵活，气势宏大，结构可简洁亦可繁复，根据其自身结构不同，起到的装饰效应也因其而异。采用雪纺类个性而质朴的材料，唤起人们的情感和回忆，使观者或接受者无意中会将自己置身于其中，形成作品—观者—空间协调又互动的关系。

由于客厅空间不大，因此无法将会客区与就餐区进行明确的分割。最后选定了在两个功能区之间，以线帘的装饰手法，成就了一个另类的软性隔断。

第四节 ////// 陈设式

陈设式隔断在空间设计中主要有以下四种作用：组织空间、塑造空间、优化空间、烘托气氛。

一、组织空间

陈设是界定空间特性的物体，可以通过陈设的置放来组织空间，反映空间的使用目的、等级、规格等。

数量较多的移动隔断可将空间组合成有趣、多变的形式，会将空间设置由1+2+3的方式变成1×2×3的方式。比如你选择将三个移动隔断推拉至一起，可能将卧室与餐厅变成了整体，而当你选择将两个移动隔断90°交织时，空间可能变得独立，各种空间组合方式会随着移动隔断墙的变化而变化。

组织空间

二、塑造空间

在室内陈设设计中，一方面，设计师可以利用家具本身的功能对空间进行塑造，另一方面，设计师还可以利用家具的风格造型，进一步强化室内装饰的风格基调。

在相同的室内空间中，如果摆放不同风格的家具，可以体现出完全不同的氛围。在相同规格的客厅中一个配置新古典主义风格家具，一个配置现代风格家具，两者营造的空间氛围迥然不同。

塑造空间

三、优化空间

陈设的置放可以优化空间。通过陈设的合理置放可以实现室内空间的开合通断，利用空间分割优化室内空间环境。利用帷幕巧妙地实现了空间上的半围合，心理上的完全围合空间，搭配灯光效果，更是恰到好处地处理了空间的虚实、疏密关系，同时非常灵活，便于拆卸。

例如，主卧中的封闭式主卫使主卧显得很满很拥挤，如果把主卫的墙面打掉，卫生间的湿气又会影响人的睡眠和健康。不如保留下半部分墙面，上半部分做成镂空花纹加玻璃的隔断，这样做的好处是引进了阳光却隔断了湿气，卧室依然可以保持独立。

优化空间

四、烘托气氛

充分利用陈设特有的设计风格和地域特点，突出空间的风格特征，往往容易营造独特的氛围。

烘托气氛

第五节 ///// 绿化式

一、有形作用

1.分割空间

利用绿色植物分割不同功能空间的方式十分灵活，且具有很多优点，一是便于移动，二是可以随意组合，三是可以任意调整。

2.引导空间

用植物花卉引导空间，在布局上往往可以采用点、线、面的形式。

“点”是指独立或成组设置盆栽、乔木、灌木，形成一个点，以突出重点，集中或固定人的视线。点状布局要从造型、色彩等方面精心挑选，力求清新、瞩目。

“线”形植物花卉常常用来引导空间，分直线、曲线、折曲线，多连续布置在楼梯、扶手、墙体、顶棚灯的地方。现状绿化陈设要充分考虑空间组织的构图规律，在局部上也应具有节奏感和韵律感。

植物花卉通过“面”的形式呈现出来的多用于空间背景，目的在于烘托某一主题，形成鲜明的视觉中心。常常设置于出口、大堂、通道中心、走道尽端等关键、转折点处。用绿色植物形成一个富有变化的自然景观，以此来引导人们的视线。

楼梯顶部的转角区域常会被忽视，若是不填补点什么则感觉有些空洞乏味。特质的木质室内小花坛，种上一排葱葱绿植，为楼梯空间增添无限健康绿色。

引导空间

突出空间

3.突出空间

在玄关处放置的植物花卉鲜艳醒目、雍容华贵，富有装饰效果，强化了空间的视觉冲击力，突出了空间主题风格的典雅。

圆弧状的旋转式楼梯，底层留下了一个圆弧区域，放上柜子等家具用作收纳可能会不够大气，与主调不合，绿植则十分讨巧。放上圆桌，在圆桌摆上造型外张的室内植物，简单打造。

4.柔化空间

通过利用植物花卉，可以填充建筑构造本身或装修形成的硬质轮廓线的角落，不仅弥补了空间的不足，弱化了墙角的生硬感，同时使空间更充实，色彩更丰富，充满朝气和活力。

舒适的窗边小角落怎能少了绿色的点缀。根据案例中折门的特点，摒弃了常用的平地摆设，采用悬吊模式，垂坠感造型的吊兰是最好的选择，悬于门框，给门增添一层“自然窗帘”。

二、无形作用

室内绿化能形成“微气候”，具有调节改善室温，提高空气质量，降低空气中有害物质的作用，有益于人们的身心健康，是名副其实的室内空间“净化器”、“杀菌器”、“吸尘器”、“消噪器”和“空调器”。

室内空间分割既要根据室内空间的硬装特点和功能去设计，又要把室内空间人文活动和人们的心理需要考虑在内。由于不同的设计方法体现不同的风格，不同的材料表示不同的质感，不同的设计思想可以展示不同的主题，因此，设计师要根据自身的立意、灵感，灵活地发挥、加以整合。在实际装饰过程中，更多情况下，通过隔断设计采用多种材料搭配结合使用，多种艺术形式、手法穿插来构成空间分隔，使室内空间形成流通、交融、穿插、过渡和共享的多种区域形态。

柔化空间

柔化空间

第八章　空间与色彩

— 本章重点 >>

①了解色彩的基础知识。

②了解色彩在虚拟空间设计中的重要性。

— 学习目标 >>

如何更好地将色彩运用到虚拟空间设计中，创造出最佳的视觉效果。

— 建议学时 >>

16学时。

第八章　空间与色彩

第一节 ///// 色彩的构成——色彩与视觉原理

1.光与色

光色并存，有光才有色。色彩感觉离不开光。

（1）光与可见光谱。光在物理学上是一种电磁波。从0.39微米到0.77微米波长之间的电磁波，才能引起人们的色彩视觉感受，此范围称为可见光谱。波长大于0.77微米称红外线，波长小于0.39微米称紫外线。

（2）光的传播。光是以波动的形式进行直线传播的，具有波长和振幅两个因素。不同的波长长短产生色相差别。不同的振幅强弱大小产生同一色相的明暗差别。光在传播时有直射、反射、透射、漫射、折射等多种形式。光直射时直接传入人眼，视觉感受到的是光源色。当光源照射物体时，光从物体表面反射出来，人眼感受到的是物体表面色彩。当光照射时，如遇玻璃之类的透明物体，人眼看到是透过物体的穿透色。光在传播过程中，受到物体的干涉时，则产生漫射，对物体的表面色有一定影响。如通过不同物体时产生方向变化，称为折射，反映至人眼的色光与物体色相同。

2.物体色的色彩对比

自然界的物体五花八门、变化万千，它们本身虽然大都不会发光，但都具有选择性地吸收、反射、透射色光的特性。当然，任何物体对色光不可能全部吸收或反射，因此，实际上不存在绝对的黑色或白色。

常见的黑、白、灰物体色中，白色的反射率是64%～92.3%；灰色的反射率是10%～64%；黑色的吸收率是90%以上。

物体对色光的吸收、反射或透射能力，受物体表面肌理状态的影响。表面光滑、平整、细腻的物体，对色光的反射较强，如镜子、磨光石面、丝绸织物等。表面粗糙、凹凸、疏松的物体，易使光线产生漫射现象，故对色光的反射较弱，如毛玻璃、呢绒、海绵等。

但是，物体对色光的吸收与反射能力虽是固定不变的，而物体的表面色却会随着光源色的不同而改变，有时甚至失去其原有的色相感觉。所谓的物体“固有色”，实际上不过是常光下人们对此的习惯而已。如在闪烁、强烈的各色霓虹灯光下，所有建筑及人物的颜色几乎都失去了原有本色而显得奇异莫测。

另外，光照的强度及角度对物体色也有影响。

第二节 ///// 色彩的色相对比

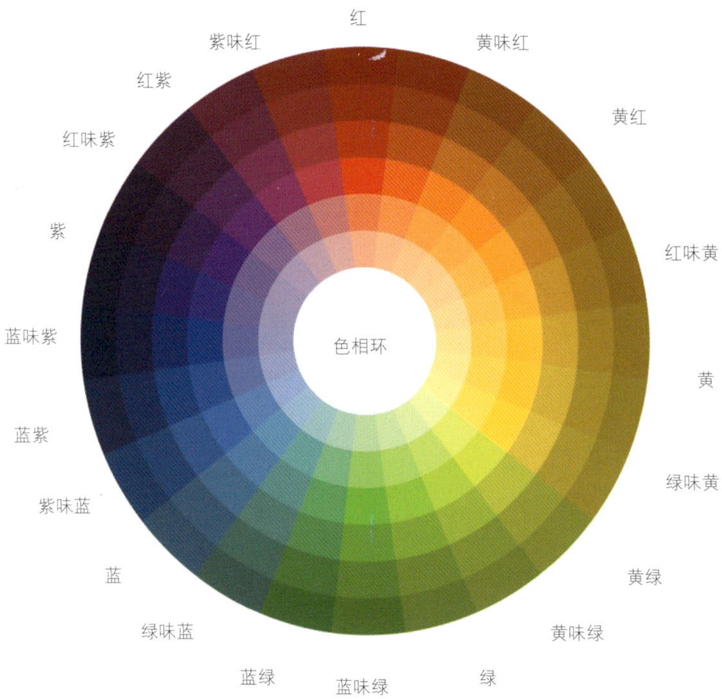

原色对比、间色对比、补色对比、邻近色对比、类似色对比、冷暖色对比，色相对比是由色相间的差别产生的对比。色相对比关系的强弱，可以在色相环上用距离和角度表示。以24色色相环为例，任选一色作为基色，一般可以把色相对比分为邻近色相、类似色相、中差色相、对比色相和互补色相五类。

一、邻近色相

邻近色相是指在色相环上的距离角度在30°以内的色相（其中距离角度在5°以内的称之为统一色相），如红色与红紫色、黄色与黄绿色、蓝色与蓝紫色等，色相之间你中有我、我中有你。这是最弱的色相对比，但借助明度、纯度的变化可以弥补色相感的不足，从而使色彩效果和谐。

运用同一色相对比的风格，用色彩突出了室内装修的特点，既让人印象深刻又表现了成熟稳重的主题性。

二、类似色相

类似色相是指在色相环上的距离角度在60°以内的色相，如红与橙、黄与绿、蓝与紫、紫与红等。类似色相比同一色相的对比效果明显，因其含有共同的色素，因此，既保持了邻近色的单纯、统一、柔和、主色调明确等特点；同时又具有耐看的优点。若加上明度或纯度的变化就不易陷于单调，被广泛应用于室内、室外的大空间用色上。

三、中差色相

中差色相是指在色相环上的距离角度在90°左右的色相。

四、对比色相

对比色相是指在色相环上的距离角度位于100°～170°的色相，如红、黄、蓝三色。色彩对比效果鲜明、强烈，具有饱满、华丽、活跃的感情特点，但也易产生乱的效果，统一感差。如图所示，凡·高的夜间咖啡馆（Café Terrace at Night）构图主要采用红、黄、蓝三原色，画面色彩饱满鲜艳，近处明黄色的路灯引人遐想，蓝色为主的夜景下矗立着静谧而有生气的房屋。点缀着微红的地毯和远处的点点灯光，将其中一色用作主色调是克服对比色相过于强烈的有效方法之一。

五、互补色相

在色相环上的距离角度为180°的色彩是互补色相，如红与绿、黄与紫、蓝与橙，它们是色相的极强对比。互补色相的视觉冲击力很强，改变它们的纯度或者明度能产生许多和谐优美的构图，但处理不当易造成杂乱、刺激、生硬等弊端。

下图构图主要采用红、黄、蓝三原色，画面色彩饱满鲜艳，玫瑰金色的外框加上橘红色的龙的图样奠定了整体的色调，龙鳍、火球的金黄色让人联想到高贵，在以蓝色为主导表盘的衬托下，展示出静谧而又沉稳的底色。将其中一色用作主色调是克服对比色相过于强烈的有效方法之一。

中国传统的色彩调配形式惯用色相对比，如敦煌壁画、民间年画等。中世纪哥特式教堂的玻璃窗便是色相对比的典型范例，它们都取得了饱满艳丽的视觉效应。

第三节 //// 色彩的纯度对比

不同的纯度的色彩并置在一起时，会产生鲜浊对比。由纯度对比所产生的结果必然呈现出纯度高的色彩更鲜艳，纯度低的色彩更灰浊。纯色给人的空间感觉是向眼前逼近，灰尘色则向远处后退。色彩的纯度越低，就越容易同其他色彩达成协调。

而常见的纯度对比有下列两种形式：

同一色相的不同纯度的对比。例如一块绿灰色，如果把它放在纯度很高的绿色环境中它会显得更灰；如果把它放在纯度比它还低的绿色环境中，则它会显得纯度较高。这块绿灰色的纯度事实上并没有发生变化，只是因为对比存在发生变化，同样一块绿灰色使人在感觉上产生了纯度变化。

不同色相的纯度对比。如上所述，不同的色相其纯度本身不同，并置时不仅有色相的对比也有纯度的对比。不同色相的纯度对比，会造成背景色的明度及色相差异的影响。例如将相同纯度的中黄色放置于柠檬黄色和赭石色的背景中，柠檬黄色中的黄色比赭石色背景中的黄色纯度要感觉低，这是由于柠檬黄纯度高，它与中黄色产生同化现象，赭石色纯度低，它与中黄色产生异化，使对比便拉开了。

第四节 ///// 色彩的明度对比

明度的对比就是色彩明暗程度的变化，一方面是不同色相的颜色并置在一起会有明度的对比。另一方面是同一色彩自身会有明度的对比。明度对比会使亮色变得更亮，暗色变得更暗。色彩的层次和空间关系也主要依靠明度对比来体现。由于光线是空间色彩的主宰，因此，在空间中明度与色彩对比的其他两种形式相比，依靠明度对比所作的色彩搭配容易产生强烈的视觉效果，也比较容易达成协调。同时比较容易取得丰富的空间层次。如果一个空间中另有色相对比或只有纯度对比而没有明度对比，空间会显得压抑沉闷。当然我们在实际工作中很少有机会去做这样的设计尝试，因为一般的空间布光都不会只有很均匀的泛光，只要稍有光影变化，就会有明度变化。

除光源因素外，色彩明度的对比与协调取决于色彩本身的明度差别。假设把一个色彩的明度从近乎于白色的最亮调到近乎于黑色的最暗，得到9个不同明度的色彩，就像钢琴从左到右的音阶，把色阶依次排列起来，会得到色彩的明度渐变效果。这种渐变局部对比柔和而整体对比强烈，是一种容易协调的强烈对比。

根据这一推论，可以得到不同程度的明度对比效果：

明度弱对比，是指明度色阶相差3个或3个以内的色彩明度的对比，其视觉交易含蓄而柔和、单纯、整体，但容易陷入单调。

明度中对比，是指明度色阶相差3个以上、6个以内色阶差的明度对比，其视觉交易比较明确、清爽、中庸。

明度强对比，是明度色阶差在6个色阶以上、9个以内的明度对比，其视觉交易强烈而刺激。

在明度对比中有这样几种现象值得注意：边缘对比现象。当把相同明度的灰色分别置于黑色块面上及白色块面上时，我们会观察到在黑色背景上的灰色看起来较亮，白色背景中的灰色看起来较暗；如果用中明度的灰色与黑色拼接在一起，同时这块灰色的另一块与白色并置，则会看到靠近白色部分的灰色较暗，靠近黑色的灰色较亮。

其次，当有彩色与无彩色进行明度对比，灰色环境中的有彩色显得较暗，黑色环境中的有彩色显得较明亮。

另外，在进行有彩色的明度对比时，要注意区别它的色相、纯度关系，拉开了色相和纯度对比不等于拉开了明度关系，这三种关系的对比在实际设计中往往同时使用，应有清晰的区别。

客厅以咖啡色、黄点缀，与整体空间灰色调做出区分，沙发的颜色设计上选择纯度较高的色相，与墙上直式条纹线板成为呼应，不同线条交织出别出心裁的和谐美学。

空间以色彩明度来区分空间，明度较高给人舒适感的客厅，中度明度的电视背景隔断在组织上起着视觉过渡的作用，给人沉稳、静怡的环境。

第五节 色彩的面积与位置对比

空间中色彩的各种对比都是在色彩有一定形状和面积大小的前提下产生的。各种对比错综变化的同时，色彩所占面积的大小不同会产生大不相同的视觉效果，特别是从把握空间色调的角度看，色彩面积的比例关系至关重要。

依靠面积的变化达成调和。在空间中缩小不易协调的颜色的面积，自然也就达成协调了，也就是说面积对比与色彩对比成反比例关系。

调节空间距离，不把互相冲突的颜色放在同一视角范围内或使对立颜色在同一视角内比较大比例出现。

无论是色相对比还是明度、纯度对比，当对比的双方或多方的面积比例改变时，整个空间的感觉会大不相同。例如在一个空间中，当红色和绿色面积基本相等时，呈现出鲜明的色相对比。在这种情况下水火不容的两色很难搭配成和谐的色调，除非我们的设计需要表现强烈刺激、不稳定的感觉。但当对立的一方“势力”减弱，另一方的“势力”加强，使整个空间只能有一种“势力”的支配，趋于稳定、和谐。

我们常说的“万绿丛中一点红”就是一种经典的通过面积对比达成协调色彩的办法。在由灰颜色所组成的空间中，搭配上小面积的纯度极高的颜色（如中黄、淡绿、朱红），会取得和谐又明快的视觉效果。因为这些纯色虽然在纯度和明度上和其他配色不易协调，但它面积小，不会破坏整体色调，反而起到点缀、提神的作用。

另外，不同的色彩由于其明度、纯度等的影响，也可造成不同的面积感受。也就是说，在同样面积大小的情况下，有的色彩显得面积大，明显。有色彩学家专门对相同面积的纯色做了测定，得出了纯色明度与面积比值的关系，如下：黄橙红紫蓝绿。

空间色彩协调搭配的基本方法：

确定一种颜色作为统率空间的主要色调。就是在空间中确立一种主导颜色，其面积、纯度、明度等要素占绝对优势，或使其他色彩和它接近。空间用色与平面配色不同，由于灯光等因素的影响，有时甚至只用一种颜色也能构成一个色彩变化丰富的空间。这种单色协调方式简洁、有条理、统一、容易为多数人接受，但也容易流于单调、平淡。

尽量选用比较容易达成空间协调的同色系颜色（同类色和临近色）。例如红色、红橙色、橙色、黄橙色、紫红色、紫色、蓝紫色等色彩都含有红色因素。如果是在电脑的设计软件中找到这些颜色，打开它的标色值，就会发现它们或多或少都有红的成分，这一系列色彩就是红色的同色系统。由于存在着“血缘”关系，同色系统中的任何两个或两个以上的颜色互相搭配都会比较协调。

用无彩色、中性色缓解色彩的对比程度，即用金、银、黑、白、灰来隔离画面的冲突色彩，在建筑装饰上往往使用金、银等光泽色来调和色彩，亭台庙宇的雕梁画栋多见这种处理方式。

以透明材料作为高纯度色彩的载体，使它们能以透叠的方式与空间中的其他色彩融合。

改变光源的色彩倾向。色光能统一整个空间的色调，白色光源忠实于固有色，而色光能使它的同类固有色更明亮，使它的对比固有色更灰暗，从而统一色调。

依靠渐变色达成调和。用渐变色调和是指一组色彩根据明度纯度排列成色阶，使色彩有空间过渡，形成有序的多彩变化从而达成调和的方式。渐变色不仅能达成调和，还可以使色调变得丰富、柔和。

依靠纯度变化达成调和。在色彩的三属性中，色相和明度的变化是显而易见的，而纯度的变化容易被忽视。事实上通过调节色彩的纯度也同样可以达到色彩调和的目的。色彩纯度的对比不像色相、明度对比那样形成很大的视觉冲突，因为一旦色彩拉开纯度对比，纯度低的色（灰的色）在视觉上会往后退，而鲜亮的色往前进，自然形成一个空间层次。低纯度色彩在画面上的出现实际上刚好起到减弱色彩矛盾对立的作用。

依靠添加色彩的肌理效果达成调和。有肌理的色块，由于其自身有微妙的明度、纯度变化，容易和其他颜色调和。例如一块带有肌理效果的红色，其中包括了深红、浅红、灰红的变化，这些层次变化使它容易和别的颜色协调。带肌理效果的颜色不易使空间陷入呆板，容易表达出一些独特的艺术效果。

色彩的对比与协调是相对立而存在的，没有对比就没有协调。在实际的设计中有时需要强对比的色调，有时需要弱对比的色调，有时需要特别和谐、含蓄的搭配。对比太强会使画面色彩混乱，而太注重协调又会使画面单调乏味。所以掌握色彩协调的规律，也就是了解怎样解决好对比与协调的关系。

例如基于某餐厅打造的视觉系统，设计师设计了一套室内空间的基本色彩：紫色、黑色和白色，暗暗呼应餐厅的色彩；并打造了一套图形系统内饰，构成一个优雅的由平面网格进行装饰的三维空间。

在餐饮服务区，由于其特殊的功能，以白色打破黑色与紫色构成的固定组合，表达克制的华丽；但是在后方的办公区域，白色是空间的主色调，以营造专业的饮食环境；就餐区墙壁是明亮的紫色，穿过前台、接待厅与走廊，在接近餐厅心脏区域，空间呈现了越来越明显的象征性——黑色仿佛隐藏了内部的“黄金”，低调地展示它的存在。

紫色、黑色和白色三种色彩在各个空间中以不同的面积和比例出现，划分了空间的功能。紫色在空间内创造了一种戏剧性的效果，温暖高贵的色彩暗示了餐厅的信誉、稳定与繁荣等核心价值；黑色和白色带来了风格独特的装饰以及丰富的象征意义，灰色作为补充，丰富空间的层次。

其设计方针是将东西方文化各种不同的元素并容兼蓄加强突显，使顾客在娱乐中获得无限的想象和惊喜以及乐趣。会所内精致设计的家具、灯光、颜色和材料及一切细节都经过策略性选择，富有美学及实用性。顾客可以一边唱歌一边浏览各种不同的风格对比。

第六节 ///// 色彩的形体对比

色彩的形体对比越来越凸显它在设计中的地位和作用，有限的形体可以拼出多种造型，给人无限遐想的空间，而在简单色彩的拼接下也往往会给人带来意想不到的视觉冲击力。没有繁复的装饰和精巧的雕纹，人们的视线回归到设计本身，原来单一的几何造型通过组合竟能产生千变万化的效果。

对于色彩形体对比的运用已经渗透到设计的各个领域，建筑、空间和产品都少不了它们的影子。无论是单一颜色、形体打造的极简空间，还是多种色彩复杂形体组合的创意场所，也总会让人感觉到设计的魅力。

色彩的形体对比是通过拥有不同的色彩的形体放在一起而取得的一种对比效果。如直线与曲线的对比，竖的形体与横的形体的对比，大与小的对比，虚与实的对比，疏与密的对比等都能产生形体对比的效果。

加利福尼亚州圣莫尼卡的盖里的住宅。用几何形体和自然光线塑造出一个个新颖奇特、充满动感、复杂多变、相互穿插而又相互扭曲的“建筑雕塑”。综观这幅作品，其颜色往往简化为一二种，突出形体的魅力，这样，由于颜色的简练，使错综复杂的形体依然能给人留下清晰的印象。

第七节 ///// 色彩的视觉心理

红牛阿姆斯特丹总部的建筑更多的分离出人性化这一特色，员工的公共空间在这一改造中，增加了更多的私人空间，并有命名为“宣泄”的房间，“安静”的房间，等等。目的是为了给员工构筑一个理想的环境，鼓励创意，营造放松的空间，让这里的员工可以在轻松的环境中发挥自己最大的潜力。

厨房的设计也非常注意空间的划分，与色彩协调的家具相结合，让人们在体会大大小小的空间划分之时，更有一份享受食物的特殊心情，对于现代社会紧张忙碌的工作状态而言，这些设计实在贴心，令该办公室成为绝佳办公场所。

在色彩学中，我们会很容易地感受到红色的情绪，热情奔放或者紧张暴力，红色与黑色在一起的空间中会带有哪些情感表现？然而从整个空间的意义上而言，眼前的光景并非只有这两种色调，更多的色调来自于原木色调的木地板和木隔断，还有灰色的水泥地面和白色的隔断墙体。它们营造的是一个完全放松和舒适的氛围，在这种心理之下，空间的开敞度也变得更加广阔。

来到洗手间，本令人尊敬的美丽而优雅的圣母玛利亚摇身一变成了炫酷的音乐DJ，一副耳麦，一副墨镜，现代感十足，经过设计的LADIES 标示设计有趣而可爱。马桶都是带着翅膀的……一个非常和蔼可亲的厕所是不是很有爱呢？

第八节 ///// 色彩表情

蓝色的空间设计，总是能给人带来“好运”（“蓝鸟”出自梅特林克的童话剧）。对于色彩表情空间设计篇里的文章，我们是从两个方面来定义的：1.色彩对于人的心理影响。2.某一种色彩的搭配。那么空间采用哪种色彩来设计，色彩的心理影响应该作为空间设计上颜色选择的重点。

我们先来了解一下蓝色对于人们的心理影响。蓝色可以稳定人的精神状态，使之能够平稳呼吸，使肌肉得到放松。

空间设计上使用蓝色，可以让物体在视觉上后退，也就是说，可以在视觉上增大空间。

全世界中，给予蓝色的评价是很高的。在英国，贵族血统被称为“蓝血”，皇室和王族女性所穿的深蓝色服装被称为“皇室蓝”。在基督教中，蓝色是圣母玛利亚的象征。蓝色还象征着年轻，在中国都有“青春”（青即指蓝色）一词。是希望之色。让我们欣赏以下蓝色空间设计吧。

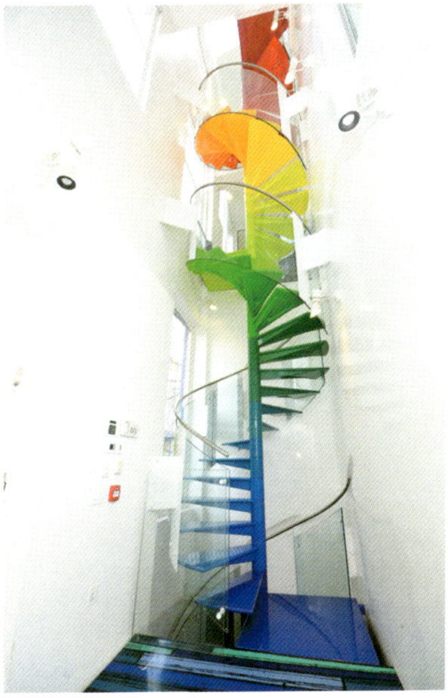

黄色的空间设计，会让你的空间在众多的空间中特别显眼。因为黄色是所有色相中最能发光的颜色。黄色的空间设计给人轻快、透明、辉煌、充满希望的色彩印象。

在中国清朝，明黄色的衣服只有皇帝才有资格穿，慢慢的黄色在中国就成了高贵的颜色。在人们的色彩印象中，黄色也表现为暂停。所以当你的空间设计采用黄色的时候，会让人们在你的空间前停滞。

淡黄色几乎能与所有的颜色相配，但如果要醒目，就不能放在其他的浅色上，尤其是白色，因为它将使你什么也看不见。深黄色一般不能与深红色及深紫色相配，也不适合与黑色相配，因为它会使人感到晦涩和垃圾箱的感觉。

中性色的灰色在空间的设计中给人的感觉是沉稳。

采用灰色的空间设计不论是室外还是室内，都是为了让其他颜色或装饰更加突出。灰色属于无彩色系。灰色具有柔和、高雅的意象，而且属于中间性格，男女皆能接受，所以灰色也是永远流行的主要颜色。许多的高科技产品，尤其是和金属材料有关的，几乎都采用灰色来传达高级、科技的形象，使用灰色时，大多利用不同的层次变化组合或搭配其他色彩，才不会过于单一、沉闷，而有呆板、僵硬的感觉。

常用的室外（灰色）装修材料有木丝水泥板、银灰色的铝塑板。

黑色的空间设计，让人感觉很神秘。你或许会发现穿黑衣服的人比穿其他颜色衣服的人显得更强壮、更具有攻击性呢？对于黑色门头的空间设计，给顾客的感觉是，希望能在“黑色的店内”，找到一件自己喜爱的物品。就像在黑夜中，我们总盼望冉冉红日一样。

白色具有高级、科技的意象，通常需和其他色彩搭配使用，纯白色会带给别人寒冷、严峻的感觉，所以在使用白色时，都会掺一些其他的色彩，如象牙白、米白、乳白、苹果白，在生活用品、服饰用色上，白色是永远流行的主要色，可以和任何颜色作搭配。

黑色具有高贵、稳重、科技的意象，许多科技产品的用色，如电视、跑车、摄影机、音响、仪器的色彩，大多采用黑色，在其他方面，黑色的庄严的意象，也常用在一些特殊场合的空间设计，生活用品和服饰设计大多利用黑色来塑造高贵的形象，也是一种永远流行的主要颜色，适合和许多色彩作搭配。

黑色与白色是对色彩的最后抽象，代表色彩世界的阴极和阳极。太极图案就是以黑白两色的循环形式来表现宇宙永恒的运动的。黑色意味着空无，像太阳的毁灭，像永恒的沉默，没有未来，失去希望。而白色的沉默是有无穷的可能。黑白两色是极端对立色，它们又总是以对方的存在显示自身的力量。它们似乎是整个色彩世界的主宰。

你看到红色的空间，是什么感觉。普遍反映红色的空间是具有吸引力的。当然，对于红色空间设计，要根据周围的环境具体分析。一般用来醒目，如红旗、万绿丛中一点红；浅红色一般较为温柔、幼嫩，如：新房的布置、孩童的衣饰等；深红色一般可以作衬托，有比较深沉热烈的感觉。

红色与浅黄色最为匹配，大红色与绿色、橙色、蓝色（尤其是深一点的蓝色）相斥，与奶黄色、灰色为中性搭配。

例如，旁边有一个黑色构成的空间，那么红色的区域就会特别吸引人。如果旁边是一个绿色（大绿）的空间，你的红色（大红）的区域形象就会大打折扣。（红色与绿色并不是不能搭配，在设计考虑时，应该考虑两种颜色的色度）所以，是否采用红色的色彩设计，是需要一定的参考对象的。

在商业设计中，绿色所传达的是清爽、理想、希望、生长的意象，符合了服务业、卫生保健业的诉求。在工厂中为了避免操作时眼睛疲劳，许多工作的机械也是采用绿色；一般的医疗机构场所，也常采用绿色作为空间色彩规划即标示医疗用品。

鲜艳的绿色是一种非常美丽、优雅的颜色，它生机勃勃，象征着生命。绿色宽容、大度，几乎能容纳所有的颜色。绿色的用途极为广阔，无论是童年、青年、中年，还是老年，使用绿色决不失其活泼、大方。

绿色中渗入黄色为黄绿色，它单纯、年轻；绿色中渗入蓝色为蓝绿色，它清秀、豁达。含灰的绿色，仍是一种宁静、平和的色彩，就像暮色中的森林或晨雾中的田野。深绿色和浅绿色相配有一种和谐、安宁的感觉；绿色与白色相配，显得很年轻；浅绿色与黑色相配，显得美丽、大方。绿色与浅红色相配，象征着春天的到来。但深绿色一般不与深红色及紫红色相配，那样会有杂乱、不洁之感。

左右人们的心情更应该注重考虑空间设计上的色彩表情。总的来说，长波颜色（比如红色、黄色）可以振奋精神，而短波颜色（比如绿色、蓝色）可以使人安静。不信你试着仔细体味一下这样命名颜色的效果：邪恶黑、机警红、微笑绿、美味黄。

案例分析一：

Fabio Novembre 工作室为米兰设计三年展设计了一个以色彩为主导引领游客参观的活动展览。展览一共分为9个部分：书籍、信件、杂志、文化和政治、包装、广告、视觉识别、视频和交通标志。这9个内容被分为9个区域在博物馆中进行展出。

/ Packaging
Imballaggi

缪斯是希腊神话中的9个女神，设计师的灵感也由此而来，希望创建一个神圣的场所，一条虹桥从人间连接到这个天堂圣地，这里有9个区域，和缪斯9个女神的数量不谋而合。

这样的展览概念无疑是创新，实现过程也异常艰辛。设计师从书页被翻状态作为入口主要空间，书页之间是相同的，同时也与主要展览空间联系，人们可以在这里选择要去的方向。从紫色到红色的彩虹象征涵盖生命和知识。展览空间的色彩也是彩虹式过渡。

画一道连接天地的虹，我们依旧是我们，脚踏土地，仰望星空。

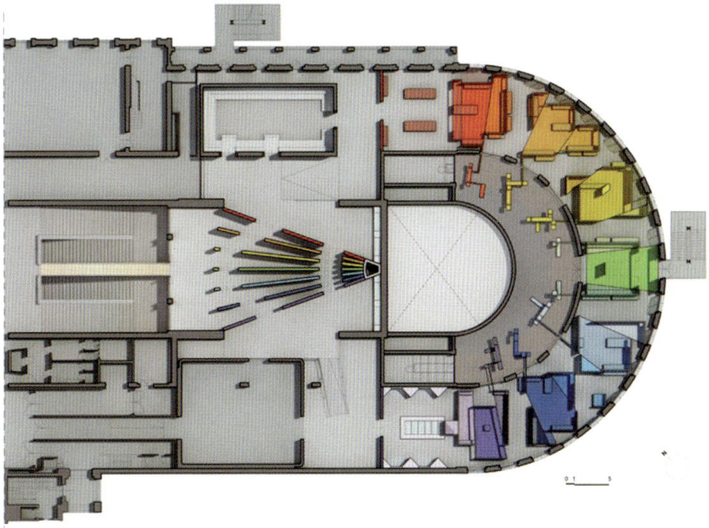

案例分析二：

当下的电子科技时代赋予了设计师们太多的造型语言去表达自己的创意，而大众在虚拟空间中80%以上的信息是通过视觉获得的。在视觉信息中，色彩是最先引起视觉注意的元素。下面是一组展台设计，该设计极力凸显其公司在涂料领域的产品和技术。用醒目抽象的图案色彩还有造型以求吸引建筑师们的注意和兴趣，整个色彩在三维空间中蔓延，形成强大的视觉冲击力。

色彩是这个空间传达给人的第一印象，没有一个好的色彩搭配，无论多好的创意都会黯然失色。

空间的色彩对塑造展示区域中兴奋、积极、充满活力的环境气氛，促成明朗、鲜艳的视觉美感的产生有着不可替代的作用。

同时，色彩与空间的功能、形态、大小、构筑、材料、照明等因素密切相关，所以空间内色彩的应用是综合多变的。

第九节 ///// 材料固有色

安藤忠雄在《光、影和形式》一文中谈道："材质之间的对话为把我想象中的空间付诸实施提供了主要的支持。我希望把整体的意象渗透进每一种材料中，然后再来选择细部。我采取的办法是使混凝土失去了雕塑般的实体感和重量感。它们被用于制造光和素面。我并不是要去表现材料的自然本性。而是通过它们建立一种单纯的空间意向。"

可见，建筑表皮材质与形体的展现是相辅相成的。由于人的思维对视觉信息的处理有一定的规律性，过多的视觉信息会引起思维处理上的混乱和疲劳，所以一般而言一个建筑如果造型复杂，其外表就不宜采用过多的材质。一两种材料的简朴效果可以将形体变化有效地统一起来，形成整体的艺术效果。相反，对于形体简洁的建筑，可以通过多种材质平面化的拼贴、细部构件的设计和材质的变换来达到丰富建筑形象、标志建筑尺度的效果。

一、木材

木材的使用几乎贯穿了人类的整个建筑历史。木材的资源丰富，容易获得，其材质较轻，强度较高，有较好的弹性和韧性，耐冲击和振动，易于加工和表面涂饰，对声音、电、热有较好的绝缘性。木材的外观自然、亲切、美观，并且具有芳香的气味，世界各地的木材品种为我们提供了丰富的色泽和纹理，其柔和温暖的视觉和触觉效果是其他材料无法代替的。

木材按其内部构成主要可分为天然木材、人造木材两种。

1.天然木材（软木材、硬木材）有针叶树和阔叶树。针叶树有桧木、杉、罗汉松、松等，虽然比较柔软，但质地美丽，常被采用作为日式房屋的建筑材料。阔叶树有榉树、梅树以及外国的柳安、柚木等。落叶树的木纹多变，材质坚硬，涂饰起来更美观，因此多适用于家具和西方房间的装饰。

树木由于在春季迅速成长，因此这一部分较软，秋到冬季生长较慢，所以形成坚硬而且浓色的部分，这叫年轮，也就是我们所说的木纹。木材接近树根的部分叫根，而接近树尖端的部分叫树梢。

木材因干燥而收缩，木材的收缩率是横宽的方向比长的方向（即纤维方向）大一位数，不均纹的收缩度为直木纹的倍数。因此在使用的时候，要综合考虑这些因素，尽量利用干燥的木材。

（1）软木材

软木材主要有松、柏、杉等针叶树种，木质比较轻软，易于加工。纹理顺直较为平淡，材质均匀，膨胀收缩变小，耐腐性较强。多用于家具和装修工程的框架。杉木材质松轻，易干燥、易加工，切面粗糙，强度适中，易劈裂，胶着性能好，是目前用的比较普遍的中档木材。

（2）硬木材

硬木材主要包括种类繁多的阔叶树种，包括枫木、榉木、柚木、曲柳、檀木、黄菠萝、樟木等，多长于热带雨林。虽然容易膨胀收缩、翘曲而开裂变形，但木质硬度高且稳重，具有丰富多样的纹理和材色，是家具制作和装饰工程的良好饰面材料。

天然材料在室内装饰工程中主要用于地板、门窗、木线、龙骨和雕刻制品等。

2.人造木材（胶合板、装饰板）有胶合板及各类集成材料。

（1）胶合板

胶合板是由圆木段经蒸煮旋切成单板或由木方刨切成薄木，再用胶粘剂黏合而成的三层或多层的板状材料，通常用奇数层单板（3厘板、5厘板、9厘板），并使相邻层单板的纤维方向互相为基层板来使用，也使用装饰性好的优良木材（或装饰纸、塑料贴面板）贴在衬底木板上制成饰面板来使用。

三合板就是用几张藻板叠合起来的，因为不必刨削，价格低廉，成为家庭使用最多的材料。普通的三合板使用柳安等原木，以煮沸或者通过蒸汽软化，像削苹果皮一般地薄剥成板，采用一定的长和宽，以结合剂将其木纹直接粘贴起来。

以叠合的层数分，有三层合板、五层合板、七层合板之分，而以三层合板用处最广。

(2) 装饰板

随着胶合板生产工艺的发展，各种花式装饰已经大量生产并占领市场。装饰板目前主要是由国内三资企业胶合板厂生产，有白缘饰板、红缘饰板、花梨木饰板、枫木饰板、樱桃木饰板、白胡桃饰板以及水曲柳切片三夹板、柚木切片三夹板等，由高档木材切片贴在普通的二夹板上加工而成。其使用价值体现在漂亮美观的木花纹和色彩上，不少品种都用进口的切片或原料，价格不菲。国内木材以水曲柳为主。装饰板的价格高低不等，一些高档的装饰板如“雀限”、“尼斯木”，由于树种的珍贵稀少，更是身价倍增，价格达到每张上千元，主要用于高档酒店和娱乐场所装饰。

二、砖石

室内砖石种类繁多，归纳起来大致可以分为抛光瓷砖、釉面砖、同质砖、天然大理石（花岗岩）砖和人造大理石砖五种。

挑选抛光瓷砖时，概括起来有“四要”：一看，要光鲜照人；二听，要铿锵悦耳；三掂，要沉重坚实；四试，要滴水不吸。做到以上四个步骤，就能挑选到称心如意的抛光瓷砖了。

(1) 一观其色：抛光瓷砖是最近几年国内外都非常流行的新型高档装饰陶瓷材料，具有坚硬耐磨、抗冻防污、耐酸耐碱、历久弥新的特点，装饰效果可与天然大理石媲美。在光照良好的环境里观察砖体表面，不应有色差、漏磨、划痕、裂纹、碰缺、色脏等瑕疵，色泽鲜艳，镜面效果强烈。优质产品表面没有明显缺陷，色泽鲜艳均匀，光彩照人，尺寸规整。

(2) 二听其音：轻轻敲打砖体，仔细辨别听到的声音是否清脆悦耳，有金属音质者，则砖体密度高，烧结好；若所听声音粗犷沉闷，则砖体烧结度低，致密度不高，如敲击声音沙哑，该种抛光瓷砖属于劣质品，甚至砖体内可能有裂纹。

(3) 三掂其量：用手捻砖，看手感沉重与否，重则致密度高，硬度大，强度好，反之则质地较差。

(4) 四试其水：以少量墨水或有色液体倒在砖面静置约2min,然后用水冲洗或用布擦拭，看看残留的痕迹是否明显。如有少许痕迹，则砖体吸水率低，抗污染性好，理化性能佳；若出现明显严重的痕迹，则该砖体玻化程度差，质量低劣，不应选择。

此外，釉面砖色彩图案丰富，可以营造室内布局的各种气氛。其表面的耐腐蚀性能较好，按照国家标准可分为五级，表面耐磨性则分为四级。用户可视不同的需求选购。

同质砖的耐腐性、耐磨性都要好于釉面砖，其他如抗弯曲强度、耐急冷急热性等性能也要比釉面砖好一些。唯一不足的是，色彩上相对较为单一。天然大理石砖具有天然的色彩和图案，气质稳重、典雅，也最自然。天然大理石中有缝隙和风化的夹层，在生产时一般不及以上两种，但保养得好（如上清漆、打蜡等）也不失为地面铺设的上选材料。

人造大理石砖材，色彩、图案上都不如天然大理石，耐磨性、耐腐蚀性又不及釉面砖，因此价格较为低廉。

三、金属

金属装饰是近年来流行的一种装饰方法，推广迅速，在21世纪的装饰中可能会应用更广，特别是不锈钢装饰。金属装饰分为镜面金属和拉丝金属两种类型，它们具有如下的特点：

(1) 金属装饰具有其独特的金属光泽和质感。

(2) 金属装饰具有不易腐蚀的特点，可在较长时间内保持初始装饰的效果。

(3) 由于金属经过抛光后具有镜面的效果，特别是通过金属镜面的反射作用，可以看到周围环境中的各种色彩、景物交相辉映。

(4) 利用它具有很强的反射光线的能力，在灯光的配合下，还可以形成晶莹明亮的高光效果，有助于形成空间环境中视觉中心和趣味点。

(5) 金属装饰与其他大部分饰件相比，具有较高的强度、硬度，在施工和使用过程中不易发生变形。

四、玻璃

玻璃是一种硅酸盐材料，在装修中经常用的玻璃有：平板、磨砂、压花、彩色、钢化、夹层、夹丝、中控吸热、热反射玻璃等，磨砂玻璃又叫毛玻璃。由于表面粗糙、能透光而不透视，多用于不透视门窗，也可以作为黑板板面。安装时，毛面要朝向室内一侧。

压花玻璃由于其表面凹凸不平且有不规则的折射光线，可将几种光线分散，使室内光线均匀、柔和，具有一定的装饰效果，常用于各种室内隔断、浴室和底层房间的门窗。

钢化玻璃又称安全玻璃。其特点是抗弯强度是普通玻璃的5～6倍，韧性提高5倍，温差从12℃～130℃不会爆裂，破碎时形成无锐角的小碎块，不易飞射伤人。

夹丝玻璃又称防碎玻璃和钢丝玻璃。它是将普通平板玻璃加热到红色软化状态后，再将预热处理的铁丝网和铁丝压入玻璃中间而制成的。在玻璃遭受冲击和温度骤变时，破而不散，避免棱角小块飞出伤人。在火灾时，可起到隔绝火势的作用，故又称防火玻璃。常用于天窗、天棚顶盖，以及容易受震动的门窗，厚度常在3～19mm之间。

五、织物

织物材料主要是软质材料，织物是以纤维为主要原料，用手工或是机械加工手段编织，也可以通过挤压成型等方式制成柔性材料。基本分为天然纤维和化学纤维两大类。天然纤维主要来自植物和动物，有棉、麻、丝绸、皮毛等。化学纤维包括人造纤维、合成纤维，人造纤维是从一些经过化学变化或再生过程的天然产物中提取出来的，合成纤维则主要来自石油化工制品，比如尼龙等。织物可由一种纤维制成，也可以由两种或两种以上的纤维混纺而成，用来扬长避短，增加强度以及抗污能力。

织物兼具实用性和装饰性、多样性与灵活性、柔软性与变形性、方便性与经济性，以及地方性与民族性或者延伸为民族性与世界性。织物不但会带给我们轻柔、亲切的感觉，能软化室内空间，还可以控制噪音的传播以及提供保暖作用。

从功能上织物可分为实用性织物和装饰性织物两大分类。实用性织物包括：窗帘、帷幔、地毯、床罩、枕巾、沙发罩、台布等；装饰性织物主要包括：挂毯、壁挂、软雕塑、旗帜、吊伞、织物玩具等。

带有装饰图案的地毯，精细柔和的材质使人倍感亲切温馨、端庄，饰物可以充当边界的填补分割空间，改变空间的层次关系，烘托渲染环境气氛。

软质材料改善了室内的物理环境，通过材料本身的特性，延长维护构件的使用年限，改善室内环境的各种使用要求，使室内环境清洁卫生、光线均匀、温湿度适宜，具备吸声、隔音、防火等功能，材料美化室内环境，源于其本身具有的表情和对人心理产生的影响。

随着科技的进步，新型材料如雨后春笋般层出不穷，它们的性能、质感、装饰效果等方面比以往有了明显改善，表现出从功能的单一化到多样化，从现场零件制作到成品安装到后期维护，从低级到高级的发展趋势。

第九章 空间与照明

本章重点

①学习了解照明设计的标准及原则。

②了解室内的气氛是根据不同的光与色而变化的。

学习目标

让学生了解光和色彩是决定气氛的重要因素，从而达到构筑虚拟空间的目的。

建议学时

8学时。

第九章　空间与照明

第一节 ///// 光的基本性质

感官在很大程度上影响甚至左右人的思想，它是认知与表现的起点，对于光的概念，这里所说的光，不单是人类视觉可感知的光，还包括视觉感知不到的红外光和紫外光等。我们在这里把光统称为电磁波。波长的范围不同，决定了各种波长的性质也各不相同。在建筑光学或照明工程中所说的光，往往指的是波长在380～780mm之间的这部分电磁波。

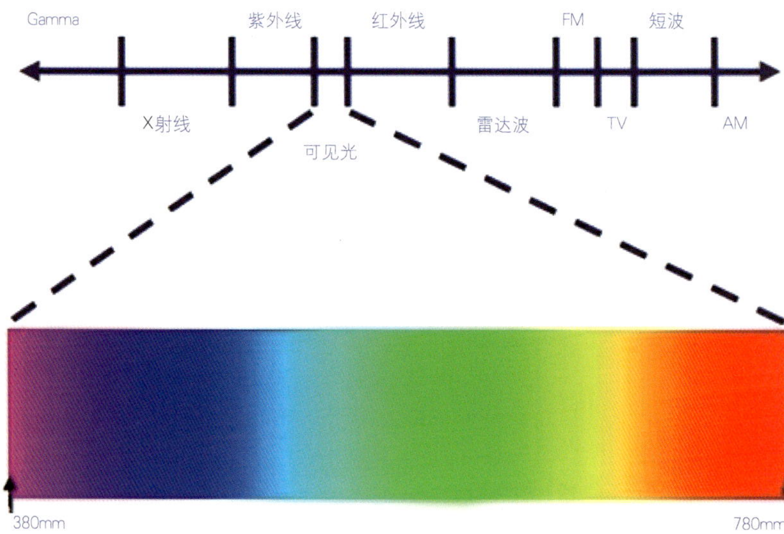

第二节 ///// 照明设计标准

一、照明设计标准

1.“安全、实用、经济、美观”是照明设计的原则

人眼对外界环境照明差异的视觉，完全取决于外界景物的亮度。但是实践中还是以照度水平作为照明的数量指标，确定照度水平要综合考虑视觉功效、舒适感与经济节能等因素。并非照度越高越好，无论从视觉功效还是从舒适感考虑选择的理想照度，最后都要受到能源供应的限制。所以，实际应用的照度标准大都是折中的标准。

衡量照度的标准，除取决于能否看清物体以外，还有看清楚物体的容易程度和主观感觉是否舒适等。因此，照度首先满足“可见度”，其次是“满意度”。

照度标准要综合考虑视觉功效、舒适感，经济性和节能性。不同的时代背景、不同地区的文化差异的超度水平可能存在着较大的差异。

2.可见度

照度均匀度以上工作面上的最低照度与水平照度之比表示，不得低于0.7。CIE（国际照明委员会）建议的数值是0.8。此外，CIE还建议工作房间内交通区域的平均照度一般不应小于工作区平均照度的1/30，相邻房间的平均照度相差不超过5倍。

作业面邻近周围照度表

作业面照度/lx	作业面邻近周围照度值/lx
≥750	500
500	300
300	200
≤200	与作业面照度相同

注：邻近周围是指作业面外0.5m范围之内。

3. 满意度

满意度由两方面决定：一是实际条件下，看得容易的程度；二是视觉环境舒适满意的程度。前者为生理指标，后者为心理指标。人们在心理上的满意度要受个人的爱好、文化修养、鉴赏能力以及过去的经验等因素所支配。并且，与照明环境、色彩及陈设等有关，合理的照明系统，应当在符合建筑物的使用要求的同时，和建筑空间形式相协调。

常用照明电光源的性能比较

光源类别／性能参数	热辐射光源		气体放电光源							新光源	
	白炽灯	卤钨灯	荧光灯	高压汞灯		高压钠灯		金卤灯	大功率异型荧光灯	LED	微波离子灯
				普通型	自动型	普通型	高光色型				
光效Lm/w	7.4～16	18～21	40～100	44	29	112	60～80	100	70～80	80	120
显色指数Ra	99～100	99～100	65～90	20～25		20～25	70～80	60～90	80～90	70	=90
相关色温K	2500～2900	2900～3000	2700～6500	4000	3700	2000～2300		300～5600	2500～7000	4500～6000	6500～7000
平均寿命h	1000	1500～2000	3000～8000	4000～6000	3000	6000～2400	12000～16000	1000～10000	8000～10000	>20000	>20000
眩光	一般	严重	一般	严重		严重		严重	一般	一般	无
频闪效应	不明显	不明显	明显	明显	明显	明显		明显	无	无	无
功率因素	1	1	0.4～0.5	0.4～0.6	0.9	0.44		0.4～0.9	0.95	>0.9	>0.95
启动稳定时间	瞬时	瞬时	1～3min	4～8min		4～8min		4～8min	瞬时	瞬时	瞬时
再启动时间	瞬时	瞬时	瞬时	5～10min		10～20min		5～15min	瞬时	瞬时	8min

二、室内光环境设计的依据

在发明人工光源以前，人们特别关注自然光对室内空间的影响，如何将自然光尽可能多地引入室内成为当时建筑师的一项重要设计任务。在人工光源发明之初，由于人们可以轻而易举地得到光，建筑师不再受制于采光的问题，因此建筑的外部形态和内部结构也开始多元化，甚至出现了无窗建筑，完全依赖于人工光源，显然设计师正沉浸在利用人工光源创造光环境的骄傲情绪之中。直到20世纪30年代现代主义建筑运动，建筑师才开始意识到自然光和人工光对人的影响同等重要，即便如此，还是难以阻挡光的污染范围从城市扩大到郊区。只要你抬头看看夜空是否有星星，你就知道现在光污染有多严重。

一百多年来，人类历经人工光的发明到人工光的泛滥使用。如今，我们面对日趋严重的光污染现象，必须重新思考光环境设计的依据，从而修正我们过度依赖人工光而忽视自然光的错误设计理念。

1.人的生理反应

显而易见，人体通过各种感受器官接受外界信息的刺激。视觉、听觉、嗅觉、味觉和触觉构成了人体的五大基本感知系统。

在这五大感知系统中，视觉系统居其首位。据相关研究结果显示，人对外界信息的获取，80%以上是通过视觉系统。视觉系统受外界环境中的色彩、形态和光影等一切可视信息刺激，将信息传递到大脑，经大脑作出判断，指导人们的言行举止。

“眼睛”是人对“光”信息接受和感知的唯一途径，不同强度的光对眼睛造成的影响也不同，当光线过亮或明暗对比过强，超出了人眼的适应范围，就会造成眩晕感和恶心感，严重的会引起暂时性失明。可见，了解人对光的生理反应是制订科学光环境设计方案的基础工作，不容忽视。

2.人的心理感受

近年来，在心理学研究和临床治疗领域，出现了一种通过光治疗人类心灵疾病的方法。这种光疗法主要治疗由于时差混乱而引起的身体节奏失常疾病，如失眠、自闭症、抑郁症等。具体而言，利用光疗法治疗睡眠障碍，向患者照射3000lx以上的高照度灯光1～2小时，通过刺激视网膜神经，间接地刺激掌管生物钟的下脑丘，达到调整身体节律的目的。采用光疗法的根本依据在于“人生来就具有向光性”的特点。

明亮的光不仅能刺激视觉神经，还可以引导人的情绪。一般情况下，沐浴在直射阳光中，人的情绪会高涨。而处在黑暗的夜空下，人的心情会变得低落。不同的亮度对情绪的影响不同，不同的人对亮度的感受也不同，因此不能一概而论亮比暗好。当我们需要进行思考时，当我们需要完全放松身体时，暗的环境可能更适合。

3.人的尺度

以人的尺度为依据才能创造出适合人居住的环境。

文艺复兴运动以前，不论是东方的佛殿还是西方的教堂，建筑师是以佛和神的尺度为设计依据，普通的民众处在被巨大尺度所震撼的位置；文艺复兴以后，人类开始转动自己的眼睛，开始观察自己，感觉自己的身体，开始以人的尺度作为一切设计的依据。但是，工业时代的来临，却打破了这种和谐，巨大的烟囱和庞大的机器再次抛弃以人为本的设计理念，人们又一次处于被动的位置。城市的街道、建筑等空间的设计都以规模化的产品和巨大的机器为设计基准，直到现在，大多数的现代化城市仍旧保持着水泥森林的城市景观，只有在极少数的小城市中，是以人的尺度建造广场、街道、建筑。

光环境设计作为环境设计的一个分支，如果无法以人的尺度为设计依据，人们就无法身心舒适地享受生活。只有以人的尺度作为光环境设计的基本依据，考虑不同年龄段、不同身高、不同体形、不同生活习惯的人群的特征和需求，才能创造出安全和舒适的光环境。

第三节 ///// 空间照明的应用

在好的设计中，光线是比较难以捉摸的设计因素之一。为一个房间营造气氛，特别是在夜晚，可以通过正确的用光来实现。当考虑一个环境的普通照明时，应以产生暖色作为选择光源的原则，它能加强装修表面和家具色彩，也能美化客人的肤色，当你想塑造出一个让居住者满意的空间时，牢记色彩再现的原理是很重要的。

光线可以是无可名状的，也可以作为一种装饰元素，例如台灯、射灯或者吊灯。为工作、阅读，或者大型游戏提供的照明可以采用工作照明（即为特殊活动提供附加照明）。工作照明可以通过使用台灯、槽灯或轨道灯来实现，光线通过电线与调光开关相连，可以调节出不同亮度。

光影对室内环境的影响。当夜幕徐徐降临的时候，就是万家灯火的世界，也是多数人繁忙工作之后希望得到休息娱乐以消除疲劳的时刻，无论何处都离不开光，也都需要用光影的艺术魅力来充实和丰富生活。无论是公共场所还是个人家庭，光的作用影响到每一个人，室内的光影设计就是利用光的一切特性，去创造所需要的光的环境，并充分发挥其艺术作用。光影的作用主要表现在以下三个方面：

一、界定空间

在室内设计中，界定空间的方法多种多样，运用不同种类、不同效果的光照方式，使其在不同的区域中有一定的独立性，从而达到构造虚拟空间的目的。

二、创造气氛

光的亮度和色彩是决定气氛的主要因素。我们知道光的刺激能影响人的情绪，一般说来，亮的房间比暗的房间更为刺激，但是这种刺激必须和空间所应具有的气氛相适应。极度的光和噪声一样都是对环境的一种破坏。据有关调查资料表明，荧屏和歌舞厅中不断闪烁的光线使体内维生素A遭到破坏，导致视力下降。

适度愉悦的光能激发和鼓舞人心，光的亮度也会对人的心理产生影响。而柔弱的光令人轻松而心旷神怡。例如安藤忠雄的光之教堂就是利用光影制造了神秘、严肃的氛围，完全呈现了教堂的真正地位和灵魂体现。

室内的气氛也由于不同的光色而变化。许多餐厅、咖啡馆和娱乐场所，常常用加重暖色如粉红色、浅紫色，使整个空间具有温暖、欢乐、活跃的气氛，暖色光之教堂光使人的皮肤、面容显得更健康、美丽动人。由于光色的加强，光的相对亮度相应减弱，使空间感觉亲切。家庭的卧室也常常因采用暖色光而显得更加温暖和睦。但是冷色光也有许多用处，特别在夏季，青、绿色的光就使人感觉凉爽。应根据不同气候、环境和建筑的性格要求来确定。强烈的多彩光照，如霓虹灯、各色聚光灯，可以把室内的气氛活跃生动起来，增加繁华热闹的节日气氛。

三、加强空间感和立体感

空间的不同效果，可以通过光的作用充分表现出来。实验证明，室内空间的开敞性与光的亮度成正比，亮的房间感觉要大一点，暗的房间感觉要小一点，充满房间的无形的漫射光，也使空间有无限的感觉，而直接光能加强物体的阴影，光影相对比，能加强空间的立体感。

可以利用光的作用，来加强希望注意的地方，如趣味中心，也可以用来削弱不希望被注意的次要地方，从而进一步使空间得到完善和净化。许多商店为了突出新产品，在那里用亮度较高的重点照明，而相应地削弱次要的部位，获得良好的艺术效果。光影也可以使空间变得实和虚，许多台阶照明及家具的底部照明，使物体和地面“脱离”，形成悬浮的效果，而使空间显得空透轻盈。总之，光给予室内空间以活力，没有光的概念，空间会变得毫无生气。光的强弱虚实会改变空间的比例感，并且会影响人的心理。明亮的光线会使空间开阔，显得轻松。而低照度的光线会使空间产生压缩感。同时，纵向排列的灯光使室内空间有深远感，而横向排列的灯光可以打破空间狭长的感觉。另外，通过光线，也可以对空间进行自然地分割，实现不同的功能区域。

第四节 ///// 照明方式分类

光源包括自然光源和人造光源。

一、自然光源

自然光：日光、月光、火光、矿物光等。

自然光主要的光源来自于太阳，太阳发出的直射光在穿过大气层的过程中，被悬浮在大气层中的各种尘埃微粒吸收和反射后，均匀地照亮了天空。太阳光不可能不经过任何反射就直接照在地球表面。人们看到的阳光和大气层外的阳光是不一样的，在照明设计中，一般把昼光直接成为自然光。

通常情况下的自然光是没有形态的，但在某些特殊条件下自然光会表现出可以被视觉认知的具体形态。比如，阴雨天空中霎时劈下的凌厉闪电、夜晚的点点繁星、日出时分、雨后的彩虹等。这些不仅有形态特征，而且还有赤、橙、黄、绿、青、蓝、紫这其中变化。

自然光的分类

1.直射光

一天之中，直射的太阳光因早晚时刻不同其照明的强度和角度是不一样的。人们根据太阳和地面构成的夹角不同可将全天直射的阳光的变化情况分为三个照明阶段。

(1) 早晚太阳光

当太阳从东方的地平线上升起以及傍晚太阳即将西落于地平线以下时，太阳光和地面的夹角成0°～15°角，太阳在透过厚厚的大气层后，光线柔和，和天空光的光比约为2：1，这段时间非常短暂，光线强弱变化大。

(2) 上午和下午的太阳光

上午和下午的太阳光与地面的角度呈15°～60°之间，通常是指上午8点到11点，下午2点到5点这一时刻的光线，照明强度比较稳定，能较好地表现地面景物的轮廓、立体形态和质感。此时太阳光和天空光的光比约为3：1至4：1，画面的明暗反差表现极好。

上午和下午的太阳光

稳定的光照

从窗外透过窗纱进入的光线会较柔和，与室内柔弱的灯光得以平衡。

(3) 中午的太阳光

又称为顶光，从上向下垂直照射地面景物，景物的水平面被普遍照明，而垂直面的照明却很少或完全处于阴影中。这一时刻的太阳光的照明角度常常受到季节的影响，夏季的中午太阳光基本上以90°垂直向下照射地面景物，地面景物的投影很小，而其他季节的中午，太阳光以近似垂直的角度从上向下照射，冬季的中午，其照射的角度会更偏一些。

强烈的午后阳光

2.散射光

由于光子与物质分子相互碰撞，使光子的运动方向发生改变而向不同角度散射。

3.天空光

天空光主要是指太阳光在地球大气层中反复反射及空间介质的作用，形成的柔和漫散射光。在日出和日落的时候，越靠近地面的天空光越明亮，离地面越远，天空光越暗。地面景物在这种散射光的照明下，普遍照度很低，很难表现物体的细微之处。

薄云遮日：当太阳光被薄薄的云层遮挡时，便失去了直射光的性质，但仍有一定的方向性。

乌云密布：浓云遮日的雨天或阴天、下雪天，太阳光被厚厚的乌云遮挡，经大气层反射形成阴沉的漫射光，完全失去了方向性，光线分布均匀。

可以说，自然光是光效设计的艺术源泉。

二、人造光源

1.直接照明

家居空间中，如果将天花板涂上淡雅的冷色，并在天花板的四周装暗饰灯，就会使人觉得天花板升高了许多，室内采用全周照明比直接照明空间感更好。采用吸顶灯也会使房间变得高深开阔，并富有现代感，有人用专门制作的正片风景彩照，配制暗箱灯嵌入壁内，也会扩大房间视野，如果将这种画镜用于室内较暗的墙面，就会使人觉得这面墙又开了一个窗户，分外豁亮，景致宜人。

商业空间中，直接照明的功能首先是确保基本的明亮程度。通过直接照明将空间的整体明度和灯光的氛围调整好后，就可以加入聚光灯和射灯的照明视亮度来完成整个场景的规划。设计商场内的灯光明度时，明度多指平面照度，但在商场的照明设计中，垂直面照度和视亮点的明度规划也显得重要。

2.间接照明

在橱柜上方安装照明装置用于间接照明，比如小射灯，照在橱柜的上部，不仅不会刺眼而且还方便取物。也可以在橱柜上方安装照明装置用于间接照明。

3.眩光照明

通过对照明质量的研究，我们知道影响照明质量的因素很多，其中最主要的还是眩光。眩光按其形成的方式可分为下列几种：

光幕反射在近似漫反射表面上叠加了一个规则反射映像后减少了被观察对象的亮度衬比，部分或全部地干扰了观看，有时还不易察觉到降低可见度的一种反射眩光。如从阅读者前方投向书本上的光线反射后降低了白纸黑字间的亮度衬比，使阅读者的视觉功效下降。

直接眩光：在视线上或视线附近有高亮度的光源，如灯、窗等，形成难以忍受的强烈光线，即直接眩光。一般所说的眩光即这种眩光。

反射眩光：这种眩光是由光泽面反射出高亮度光源形成的。但由于反射面的光泽度不同，反射出光源的亮度大小不同，并区分下面两种不同情况：

光泽的表面能够把高亮度光源的像清楚地反映出来，这种反射眩光的肌理和效应与上述的直接眩光相似，因此很少专门论述。

光泽的表面反射出光源的亮度较低，且不能清楚地看出光源的像，然而却使被观察目标的对比度降低，减少了能见度。这种现象称为反射眩光不太确切，因此把它称为光幕反射或光帷反射或模糊反射。光幕反射在很多情况下都存在，且不易被发现。近年来，随着对照明质量研究的深入，光幕反射问题也日益受到重视。

失明眩光：由于视觉的不适应而产生眩光。当人们从暗处急速到明亮处，视线离开眩光源后相当一段时间内，虽然这种亮度不至于形成眩光，但是由于已适应暗处的眼睛不能马上适应这种亮度的环境，因看不见其他物体而产生的眩光。如观看电焊眩光后，造成的暂时失明，照明设计中应该绝对防止。

不舒适眩光：只引起视觉上的不舒适，并不影响视功能或可见度的眩光。在室内外照明中普遍存在，是照明质量评价中的一个常用的重要指标，这里指的不舒适指心理上的感受，生理上的影响不多，所以称为心理眩光。眩光的大小与眩光源大小、亮度、与视线的相对位置和环境亮度等有关。

失能眩光：眩光源给视网膜正常观察对象上叠加了一个它的照度——光幕亮度，降低了视网膜上原来像的亮度衬比，是降低视功能可见度的一种眩光。尽管观察目标与其背景之间的对比度越大能见度越大，但是对比度过大，形成了亮度的极强对比也会产生眩光，它是生理上的实际感受，亦称生理眩光，也有定量表述。这种现象在日常生活中也常常遇到，多发生在发亮的灯、窗和道路照明中。

在网际照明学会（CIE）的技术词汇里，对上述眩光从其视觉状态出发，又分别定义为不舒适眩光和失能眩光或减视眩光，不舒适眩光常常随着时间的推移而加重人们的不舒适感觉，但不一定降低目标的能见度。失能眩光则降低视看目标的能见度。在室内照明中，不舒适眩光比失能眩光更难解决。如果能够有效地控制由灯具引起的不舒适眩光，失能眩光也就得到了很好的控制。也有人将前者称为心理眩光，后者称为生理眩光。因此，在眩光的研究中也有两种评价指标和评价系统，在其应用上也有差异。

眩光有时候不完全都有害处，例如夏夜的火花，海面上的闪闪反光，以及明亮的宝石光都会使人感到愉快、舒适。这些都不属于我们这里论述的范围。我们仅从视觉观点出发分别论述不舒适眩光和失能眩光。

眩光对于人的生理和心理具有严重的危害性，而且对于劳动生产率也有明显的影响，因此对于眩光的作用应该予以应有的重视，并加以限制，以便有利于劳动生产和日常生活。特别是我国目前在照明中存在着下述的情况，因此更应倍加重视。

在许多工业企业的车间中仍然使用裸灯泡，即便使用灯罩，而从灯具保护角度和悬挂高度来考虑也不尽合理，造成直接眩光，有时还存在着反射眩光。亮度分布不均匀，特别是一般照明与混合照明的照度比例太大。有些工厂只有局部照明，而无一般照明，以致工作背景极暗，即使遇到不太强烈的光线，也会引起不舒适眩光。

眩光对于心理有着明显的作用，影响着人们的情绪。特别刺眼的强烈阳光、在暗背景下十分强烈的灯光、亮度极大的裸灯都给人们以不舒适的感觉。显然，眩光对于人的心理作用也受到个人差别的影响，与性别、年龄、环境、职业、习惯等因素有关。就与环境有关的视觉适应而论，从暗适应到明适应的过程中，由于亮度差别就会使个人感受的舒适程度不一样。即使在相同眩光条件下对于眩光的感受也会因人而异，感受的舒适程度不尽相同。

4. 局部照明

好的光照质量，不仅能表现空间，完善空间，还能创造空间。因而现代室内的光照环境设计通过运用光的无穷变幻和颇具魅力的特殊材料来创造、表现、强调、烘托、精炼空间感所取得的多层次性效果，是其他设计手法所无法比拟也不可替代的。室内光源各项性能及其不同空间尺度内的应用的研究变得也日益重要。以此来更好地为人类创造更好的生活环境。

一般照明与局部照明有哪些关系？

人们习惯于在一个房间里有一般照明用的主体灯，且多用吊灯或吸顶灯装在房间的中心位置，另外根据需要再设置壁灯、台灯、落地灯、造型灯等作为辅助灯，用于局部照明或辅助照明。主体灯与辅助灯，其实是相对而言的，在一定条件下，其功能也会发生置换。例如房间内空间较低，面积也不大，就不宜多层设灯，特别不宜设大型吊灯，用一盏或两盏漂亮的壁灯即可发挥一般照明与装饰的作用。或者配以台灯，台灯罩用半透明的塑料，上部漫射光亦可满足一般照明的需要，下部可以满足局部照明的要求。若房间比较大，内空较高，就要考虑布灯层次丰富多彩，把一般照明与局部照明结合起来，并根据哪里需要就在哪里布灯的原则配置各种灯饰。公用的大厅堂或中小会议室，灯饰以照明与装饰为主。如高大厅堂中央一定要配高大吊顶灯；中小会议室中央配吸顶灯；其余配筒灯，四周墙壁配适当的壁灯。

以美术馆、博物馆为例。

(1) 垂直版面照明

悬挂于版面前上方的荧光灯或LED内嵌射灯，隐蔽在版面前上方顶棚之内，光线定向投向版面，照度均匀，成排设计，顶棚内的荧光灯应罩以格片，以免眩光。

杨松革命烈士博物馆

(2) 垂直版面与陈列台照明

照明要兼顾版面与陈列台。陈列台上放置实物、文件、手稿或较小的展品（有时设有玻璃面的橱柜或陈列桌），应将陈列台或陈列橱柜、陈列桌的玻璃面加以倾斜，以避免眩光。必要时橱柜或陈列桌内再加局部照明。

(3) 陈列橱柜照明

展品为了防尘、防潮、防虫、防盗的需要，多以橱柜形式进行展出。照明有设于柜内或柜外之分。采用哪种形式依展品的特点和陈列橱柜的形式而定。橱柜的玻璃，为防止灯光中紫外线的照射应加涂膜。

大量的文物、绘画、书法为了保护起见，亦陈列于橱柜中，在柜内都需要加局部照明，其光源应加以隐蔽，并考虑热量的排除孔洞和通风。油画表面不光滑，橱柜内照明灯光投射角小，易产生阴影，不宜在橱柜内陈列。

西安大明宫遗址博物馆

参考文献

[1]刘箦杉．室内装饰设计．科学出版社，2011

[2]冯丹阳．建筑构造 实验·实践·实现．中国建筑工业出版社，2005

[3]尹定邦．设计学概论．湖南科学技术出版社，2001

[4][美]布鲁诺·赛维．张似赞，译．建筑空间论——如何品评建筑．中国建筑工业出版社，2010

[5]孔键，范业闻．现代室内设计创作视野．同济大学出版社，2009

[6]安勇．室内设计创意．湖南大学出版社，2010

[7]蔡涛．传达空间设计．中国青年出版社，2006

[8][美]露西·马丁．室内设计师专用灯光设计手册．上海人民美术出版社

[9][日]中岛龙兴．马卫星，编译．照明灯光设计．北京理工大学出版社，2003

[10]李光耀．室内照明设计与工程．化学工业出版社，2007

[11]陈一才．装饰与艺术照明设计安装手册．中国建筑工业出版社，1991